HARRO PASSARGE

# Die Wälder von Magdeburgerforth (NW-Fläming)

WISSENSCHAFTLICHE ABHANDLUNGEN

Nr. 18

# DIE WÄLDER VON MAGDEBURGERFORTH (NW-FLÄMING)

Eine forstlich-vegetationskundliche Studie

von

DR. HARRO PASSARGE

Institut für Forstwissenschaften, Eberswalde, Abteilung Vegetationskunde

1956

DEUTSCHE AKADEMIE
DER LANDWIRTSCHAFTSWISSENSCHAFTEN ZU BERLIN

AKADEMIE-VERLAG · BERLIN

Herausgeber: Deutsche Akademie der Landwirtschaftswissenschaften zu Berlin
Vorgelegt von Prof. Dr. Ehwald und Prof. Dr.-Ing. Richter
Erschienen im Akademie-Verlag GmbH., Berlin W 8, Mohrenstr. 39
Lizenz-Nr. 202 · 100/548/55 MDI der DDR, Nr. 2579
Satz und Druck: Druckhaus „Maxim Gorki", Altenburg
Bestell- und Verlagsnummer: 2068/55/18
Printed in Germany

# INHALTSVERZEICHNIS

## VORWORT

Die vorliegende Abhandlung stellt eine vegetationskundliche Bearbeitung der Wälder eines besonders vielseitigen Reviers im Altdiluvium des nordostdeutschen Flachlandes dar. Die Untersuchungen wurden im wesentlichen in den Jahren 1948—1950 während meiner Tätigkeit im Revier Magdeburgerforth durchgeführt, jedoch durch neuere Beobachtungen (1953/54) ergänzt.
Besonderes Augenmerk habe ich der Beschreibung der geographischen Stellung der hiesigen Waldgesellschaften und ihren standörtlichen Bedingungen geschenkt. Die hierfür erforderlichen Bodenuntersuchungen erfolgten 1950/51 durch freundliche Vermittlung von Herrn Dr. H. F. JOACHIM im Institut für forstliche Bodenkunde.

Wertvolle Anregungen, insbesondere in pflanzengeographischen Fragen, verdanke ich Herrn Prof. Dr. H. MEUSEL, Halle, der auch die erste Auswertung meiner Untersuchungen (1951) in dankenswerter Weise unterstützt hat.

Mein besonderer Dank gilt meinen sehr verehrten Lehrern, Herrn Prof. Dr. A. SCAMONI und Herrn Prof. Dr. E. EHWALD, Eberswalde, die mir nicht nur das Rüstzeug zu dieser Arbeit vermittelten, sondern auch deren Fortgang wie die endgültige Fassung stets durch wertvolle Anregungen und Unterstützung förderten.

Eberswalde, im Herbst 1955 — H. PASSARGE

# A. Die standörtlichen Gegebenheiten

## I. Das Untersuchungsgebiet

### *1. Allgemeine Lage*

Zwischen zwei alten Tälern, durch deren südliches noch heute die Schwarze Elster und Elbe (von Wittenberg bis Magdeburg) fließen, erhebt sich in sanfter Wölbung der große diluviale Landrücken des Flämings. Besonders in seinem westlichen Teil, dem „Hohen Fläming", erreicht dieser im Innern Höhen bis zu 200 m und senkt sich auch nordwärts nur ganz allmählich nahezu bis zum Niveau des

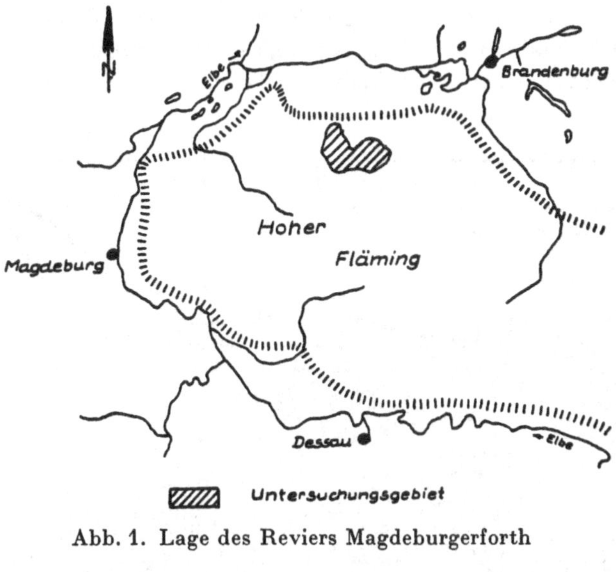


Abb. 1. Lage des Reviers Magdeburgerforth

Glogau-Baruther Tals, das ihn im Norden mit den torfbedeckten Flächen des „Fiener Bruchs" begrenzt.

An dieser westlichen Nordabdachung des Flämings liegt etwa 40 km ostnordöstlich von Magdeburg das Revier Magdeburgerforth (s. Abb. 1). Bei einer Ost-West-Erstreckung von 11 km und einer Nord-Süd-Ausdehnung von etwa 5 km umfassen seine Förstereien Reesdorf, Sandforth und Dretzen (Jagen 11—98) eine Holzbodenfläche von 2226 ha. — Der Höhenunterschied zwischen dem Südostteil des Untersuchungsgebietes mit Höhen um 100 m über NN und der Nordhälfte mit einem Niveau bei 50 m über NN bedingt eine nordwärts gerichtete Neigung von durchschnittlich 1%.

Mitten durch das Revier verläuft etwa entlang der 70/80 m-Höhenlinie die Grenze zwischen zwei Teillandschaften des „Hohen Flämings". Die südliche, das „Flämingplateau", umfaßt das eigentliche Massiv des Flämings und gehört dem Höhendiluvium an. Die Nordhälfte des Untersuchungsgebietes liegt bereits in der Landschaft des „Vorflämings", einer dem Flämingmassiv vorgelagerten grundwasserbeeinflußten Zone. Im Revier Magdeburgerforth wird diese Landschaftsgrenze durch das Zutagetreten zahlreicher Quellen gekennzeichnet, deren Wasser sich zu Bächen und Flüßchen vereinigen und nach Norden teils über die Gloine zur Elbe, teils über die Buckau zur Havel abfließen. Die Wasserscheide zwischen Elbe und Havel liegt damit innerhalb des Reviers und verläuft etwa auf der Grenze zwischen den Förstereien Dretzen und Sandforth entlang der alten „Zerbster Straße".

## 2. *Geologische Verhältnisse*

Innerhalb des „Warthestadiums" der Vereisung gelegen, bildet im Südteil des Reviers eine Grundmoränendecke von 0,3—1,5 m Stärke die Oberfläche der grundwasserfernen Höhenböden. Im Nordteil ist diese einheitliche Grundmoränen-

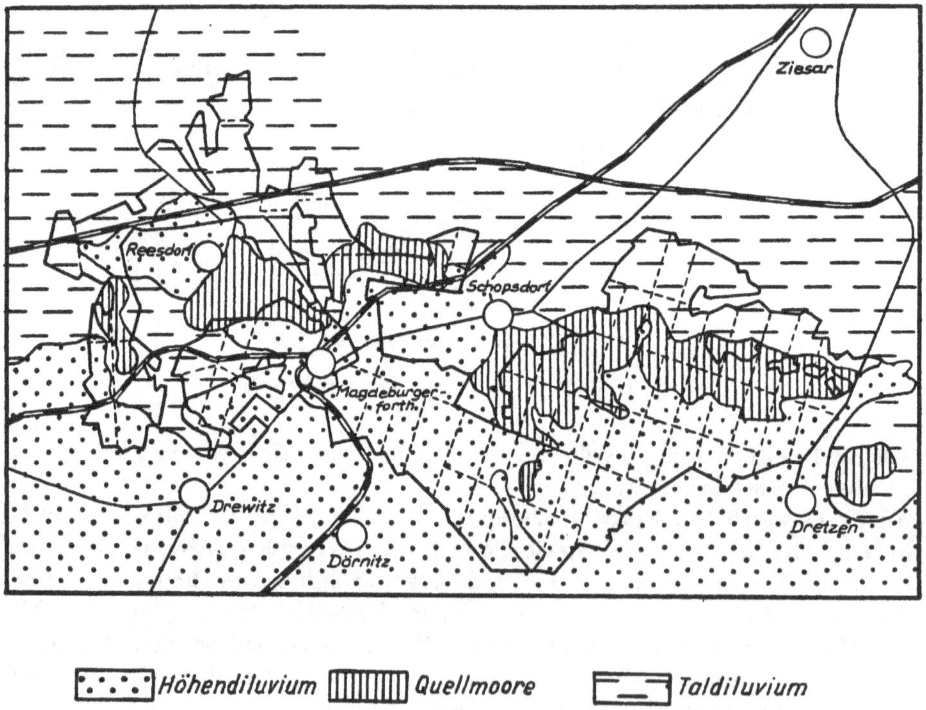


Abb. 2. Geologische Übersichtskarte des Reviers Magdeburgerforth

decke weitgehend durch Schmelz- und Quellwässer gestört, ihr Material verfrachtet und mit dem des darunterliegenden älteren Diluviums vermengt. Diese grundwasserbeeinflußten Böden des Vorflämings tragen daher auf der geologischen Karte die Bezeichnung „Talgeschiebesande“ (KEILHACK 1891).

Zwischen Höhen- und Taldiluvium liegt heute ein bis 1000 m breiter, sich nahezu über die ganze Länge des Reviers erstreckender Streifen alluvialen Gehängetorfes (s. Abb. 2). Seine Entstehung verdankt dieser den Quellwässern, die am Rande des Höhendiluviums, etwa entlang der 70/80-m-Höhenlinie, an engbegrenzten Quellpunkten bzw. auf breiter Front über einem Sickerwasserhorizont zutage treten. Um diese von den Tagwässern des Flämings gespeisten Quellen haben sich Quellmoore entwickelt, deren Gehängetorfe heute den Talgeschiebesand bis zu 3 m Stärke überlagern. Infolge des (morphologisch) hochmoorartigen Wachstums dieser Quellmoore zeigt ein Nord-Süd-Querschnitt durch das Revier fast überall drei deutliche Stufen (KEILHACK 1891). Die oberste im Süden

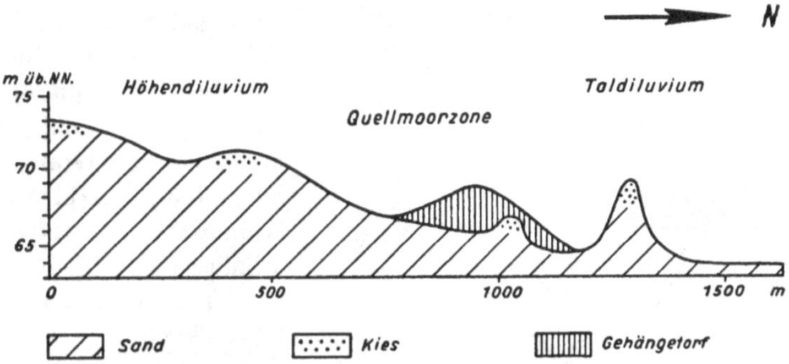


Abb. 3. Nord-Süd-Querschnitt durch den Westteil der Jagen 20, 35 und 48 (dreifach überhöht)

bildet das Höhendiluvium des Flämingplateaus, mit deutlichem Absatz folgt der Gehängetorf in einer zweiten Stufe, die die unterste des Taldiluviums wiederum um 2—3 m überragt (s. Abb. 3).

Ohne Bindung an diese Stufen treten im gesamten Revier mehr oder minder zusammenhängende, ostwest-streichende Geländerücken auf, deren Verlauf im Taldiluvium allerdings häufig gestört und durch Rinnen unterbrochen wird. Auch in den Quellmooren sind viele der nur als leichte Bodenwellen (von wenigen dm Höhe) ausgebildeten Rücken unter den Torfdecken begraben, und vereinzelt ragen die höchsten Erhebungen, die etwa 5—15 m über dem Niveau liegen, als „Nunatakker“ aus dem Moor heraus. Ähnliche Bildungen hat SCHMIERER (1910) im südwestlichen Fläming festgestellt und erklärt sie als glaziale Faltungslinien.

Demzufolge entspricht weder das Höhendiluvium dem Bild einer leicht gewellten Grundmoränenlandschaft noch der grundwasserbeeinflußte Nordteil des Reviers dem einer flachebenen Tallandschaft.

## II. Das Klima[1])

### *1. Großklima*

Innerhalb des gemäßigten Übergangsklimaraumes der Ebene (RUBNER 1953) gelegen, gehört das Untersuchungsgebiet bereits zum Bereich des „Ostdeutschen Binnenlandklimas" (Klimaatlas 1953). Als Großklimawerte werden für den Bezirk des Hohen Flämings[2]) mit Höhen von 50 bis 200 m Temperaturmittel für den Januar, als kältestem Monat, von —0,5 bis —1,5° C, für den Juli, als wärmstem Monat, 17—18° C (mittlere Jahresschwankung 18—18,5°) angegeben. Die Niederschlagsmenge schwankt zwischen 540 und 620 mm.

### *2. Lokalklima*

Zur näheren Kennzeichnung des Lokalklimas[3]) im Untersuchungsgebiet steht uns Krüssau als Klimastation, 10 km westnordwestlich des Reviers (52 m über NN) gelegen, zur Verfügung. Seine Lage im Bereich des grundwasserbeeinflußten Vorfläminggebietes nahe dem Flämingplateau entspricht der von Magdeburgerforth, so daß die Klimawerte von Krüssau zumindest auch für die Nordhälfte des Untersuchungsgebietes Gültigkeit haben dürften. An Niederschlagsstationen kommen darüber hinaus noch Hohenziatz (75 m über NN), 11 km südwestlich (Flämingplateau) und Ziesar (60 m über NN) 8 km nordöstlich (Vorfläming) von Magdeburgerforth gelegen, in Frage.

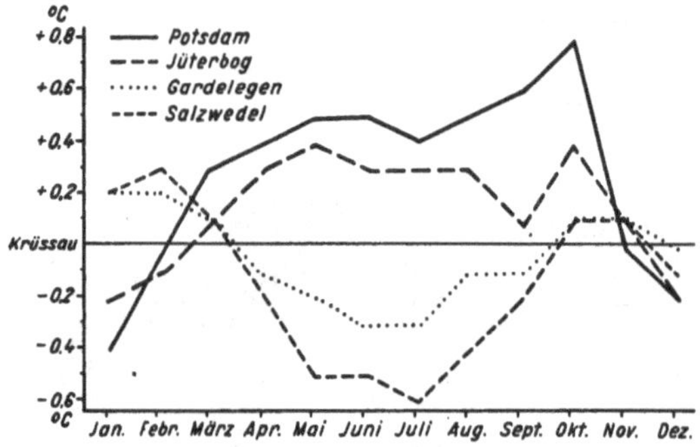


Abb. 4. Die Abweichung der 5jährigen monatlichen Temperaturmittel (1947—1951) von Krüssau

#### a) Temperaturen

Das langjährige Mittel der Jahresdurchschnittstemperatur (1891—1930) beträgt für Krüssau 8,0° C. Die Klimawerte (1947—1951) nehmen eine seiner geogra-

---

[1]) Für die freundliche Beratung in Klimafragen möchte ich auch an dieser Stelle dem Leiter des Instituts für Forstmeteorologie, Herrn Dr. KORTÜM, Eberswalde, meinen Dank sagen.

[2]) Die Großklimawerte wurden den Erläuterungen zum Klimaatlas der Deutschen Demokratischen Republik, Berlin 1953, entnommen.

[3]) Von den im folgenden angegebenen Klimawerten wurden die 5jährigen Mittel aus den Angaben des „Deutschen Meteorologischen Jahrbuchs", Teil II, Bd. 1947—1951 berechnet; alle langjährigen Mittel (1891—1930) wurden dem Tabellenband der „Klimakunde des Deutschen Reiches" entnommen.

phisch-klimatischen Lage entsprechende Mittelstellung zwischen den Stationen Gardelegen (47 m über NN) 65 km nordwestlich und Jüterbog (72 m über NN) 65 km südöstlich von Krüssau ein (s. Abb. 4). — Lediglich zur Bestätigung dessen sind ferner die entsprechenden Werte für Salzwedel (25 m über NN) 90 km nordwestlich und Potsdam (81 m über NN) 70 km nordöstlich des Reviers mit herangezogen.

Doch schon beim Vergleich der absoluten Monatsmaxima und -minima weicht Krüssau vom Normalen ab, indem es nahezu in jedem Monat neben den tiefsten auch die höchsten Temperaturwerte erreicht, so daß sich eine abnorm hohe mittlere monatliche Schwankung ergibt (s. Abb. 5).

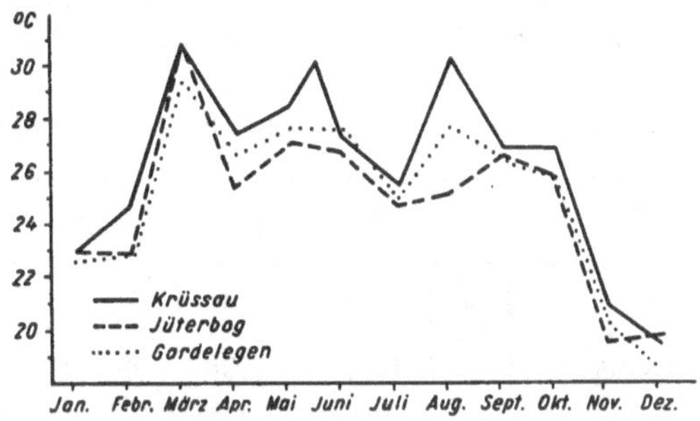


Abb. 5. Verlauf der mittleren monatlichen Schwankungen der Lufttemperatur in °C (1947—1951)

Die mittlere Häufigkeit extrem temperierter Tage (Eistage, Sommertage) zeigt nichts Auffälliges, etwas erhöht erscheint jedoch die Zahl der Frosttage (s. Tab. 1).

*Tabelle 1. Mittlere Zahl der Sommer-, Eis- und Frosttage (1947—1951)*

| | Sommertage | Eistage | Frosttage |
|---|---|---|---|
| Jüterbog . . . . . . . . . . . . . | 49 | 22 | 91 |
| Krüssau . . . . . . . . . . . . . | 46 | 22 | 95 |
| Gardelegen . . . . . . . . . . . | 40 | 21 | 91 |

Dies gilt besonders für die Übergangszeiten (s. Tab. 2).

*Tabelle 2. Mittlere monatliche Frosthäufigkeit (1947—1951) in Tagen*

| | Jan. | Feb. | März | Apr. | Mai | Juni | Juli | Aug. | Sept. | Okt. | Nov. | Dez. | Jahr |
|---|---|---|---|---|---|---|---|---|---|---|---|---|---|
| Jüterbog | 21,6 | 16,8 | 16,2 | 2,8 | 0,2 | — | — | — | — | 7,2 | 7,8 | 18,2 | 90,8 |
| Krüssau | 20,2 | 15,8 | 18,4 | 5,4 | 1,0 | — | — | — | — | 9,2 | 9,0 | 16,2 | 95,2 |
| Gardelegen | 18,8 | 16,8 | 17,0 | 4,8 | 1,0 | — | — | — | — | 8,0 | 7,8 | 16,4 | 90,6 |

Bei Berücksichtigung der 20jährigen Beobachtungswerte (1910—1930) entfallen von den durchschnittlich 107 Frosttagen in Krüssau lediglich 50% auf die drei Wintermonate (Dez. bis Febr.), die übrigen verteilen sich auf Frühjahr und Herbst; durchschnittlich 4 Frosttage liegen sogar in der Vegetationsperiode (Mai bis Sept.). Daraus erklärt sich für Krüssau eine außergewöhnlich kurze mittlere frostfreie Zeit von 138 Tagen (16. Mai bis 2. Okt.), ein Wert, der im norddeutschen Flachland nahezu einzig dasteht.

## b) Niederschläge

Da sich die drei angeführten Regenmeßstellen in etwa 10 km Abstand rings um das Untersuchungsgebiet verteilen und auch innerhalb der Höhendifferenz des Reviers am Nordrand des Flämings liegen, läßt sich die jährliche Niederschlagsmenge ziemlich sicher mit 550 mm beziffern (Tab. 3).

*Tabelle 3. Monatsmittel der Niederschläge in Millimeter (1891—1930)*

| | Jan. | Feb. | März | Apr. | Mai | Juni | Juli | Aug. | Sept. | Okt. | Nov. | Dez. | Jahr |
|---|---|---|---|---|---|---|---|---|---|---|---|---|---|
| Krüssau | 38 | 31 | 35 | 39 | 48 | 56 | 73 | 65 | 49 | 45 | 38 | 41 | 558 |
| Ziesar | 39 | 32 | 33 | 37 | 47 | 54 | 76 | 63 | 44 | 42 | 37 | 42 | 546 |
| Hohenziatz | 42 | 31 | 36 | 38 | 46 | 53 | 73 | 64 | 45 | 44 | 38 | 44 | 554 |

Der niederschlagsärmste Monat ist der Februar, die Hauptregenmenge fällt im Juli, und 51—52% der Gesamtniederschläge fallen während der Vegetationsperiode (Mai bis Sept.).

## c) Windverteilung

Die Hauptwindrichtung ist die westliche, und 50% aller Winde kommen aus dem Westsektor der Windrose (Südwest bis Nordwest). Meßergebnisse über Luftfeuchtigkeit, Strahlung usw. liegen aus der näheren Umgebung des Untersuchungsgebietes nicht vor, die Werte von Magdeburg sind nicht übertragbar.

## d) Lokalklima-Schäden

Nach einer 80jährigen Schadensstatistik (1860—1940) — aus den Aufzeichnungen der Hauptmerkbücher der Oberförsterei Magdeburgerforth zusammengestellt — treten Fröste, Dürren und Stürme im Revier als klimabedingte Schadfaktoren auf.

Durchschnittlich alle 4 Jahre (seit 1900 sogar dreimal im Juni) richten Spätfröste, alle 8 Jahre auch Frühfröste merkliche Schäden in Kulturen an.

Mit 14tägigen Dürrezeiten kann man im Gebiet in jedem 3. Jahre vor allem im Vorsommer (Mai bis Juni) rechnen, wovon besonders Saaten und junge Pflanzungen z. T. empfindlich betroffen werden.

Eine Gefährdung durch Stürme ist wie allgemein im norddeutschen Flachland gering. Immerhin verursachten größere Schadstürme (meist aus Westen kommend) alle 20 Jahre über 1000 fm Windwurf und Windbruch.

## e) Zusammenfassung

Das Lokalklima des Untersuchungsgebietes zeichnet sich gegenüber dem seiner Umgebung durch verstärkte Temperaturschwankungen und größere Frosthäufigkeit besonders in den Übergangszeiten aus. Weist die Neigung zu Spätfrösten und niedrigen Sommertemperaturen auf eine gewisse subatlantische

Tönung des Lokalklimas hin, so kommen in der kurzen Dauer der durchschnittlich frostfreien Zeit und der geringen Niederschlagsmenge (Dürrehäufigkeit) gewisse boreale bzw. kontinentale Klimamerkmale zum Ausdruck. Eine Bestätigung finden diese Feststellungen im Nebeneinander verschiedener geographisch-floristischer Elemente der Ebene (nach MEUSEL 1943 und OBERDORFER 1949):

a) atlantisch-subatlantische Arten:

| | |
|---|---|
| Erica tetralix, | Lonicera periclymenum |
| Blechnum spicant, | Dryopteris oreopteris |
| Trichocolea tomentella | u. a. |

b) boreal-subboreale Arten:

| | |
|---|---|
| Trientalis europaea | Dryopteris phegopteris |
| Circaea alpina | Lycopodium annotinum |
| Chrysosplenium alternifolium | u. a. |

c) zentraleuropäisch-kontinentale Arten:

| | |
|---|---|
| Ledum palustre | Calamagrostis arundinacea |
| Ulmus laevis | Filipendula hexapetala |
| Vicia cassubica | Ajuga genevensis u. a. |

## III. Der Boden

### *1. Geologisches Ausgangsmaterial, Bodenarten, Bodentypen*

Das Ausgangsmaterial der hiesigen Böden wurde im wesentlichen während der Eiszeit abgelagert. Nur in den Quellmooren und Rinnen treten alluviale Bodenbildungen auf; örtlich kann auch tertiäres Material an der Zusammensetzung unterer Bodenschichten beteiligt sein.

Das verbreitetste Ausgangsmaterial für die Bodenbildung im Revier ist altdiluviale Grundmoräne, die vornehmlich aus Geschiebesanden besteht. Geschiebe zwischen Block- und Kieselgröße sind für diese ungeschichteten Gemenge verschiedener Korngrößen, innerhalb derer jedoch die Mittelsandfraktion (0,2—0,5 mm) in der Regel vorherrscht, kennzeichnend. Diese Mischsande sind stets locker gelagert, gut durchlüftet und wegen eines, wenn auch nur geringen, Tongehaltes durchaus nicht durchlässig. Gemessen an der Ertragsleistung von Kiefernbeständen ($\pm$ III. Ertragsklasse), entspricht ihre Produktionskraft der eines Sandbodens mittlerer Güte ($S_c$)[1].

In ungestörter Lage treten diese Geschiebesande nur im Höhendiluvium als 0,3—1,5 m mächtige Schichten über älterem Material an die Bodenoberfläche,

---

[1]) Standortssymbol nach SCAMONI (1954):

$S_a$ = reiche, $S_b$ = kräftige, $S_c$ = mittlere, $S_d$ = schwache } Sande vorausgesetzt, daß Alluvialbildungen fehlen. Im Vorfläminggebiet sind sie durch Wassereinfluß verlagert und mit älteren Schichten vermengt (Talgeschiebesand).

Die Bodenentwicklung hat in diesen Moränensanden fast allenthalben das Stadium der basenarmen, podsoligen Braunerde erreicht (s. Taf. II, 1); podsolierte Geschiebesandprofile sind äußerst selten. Bei den Talgeschiebesanden herrschen Grau- bzw. Braunglei-Profile vor, die je nach Grundwassergüte als mesotroph bis oligotroph (MÜCKENHAUSEN 1953) anzusprechen sind.

Neben den Geschiebesanden haben Spatsande (glazifluviale Ablagerungen des Saale-Warthe-Interstadials) im Revier verbreitetsten Anteil an der Bodenbildung. Es sind horizontalgeschichtete Mittel- bis Feinsande mit wechselnd hohem Feldspatgehalt. Ihre Profile zeigen bei hellbräunlichem Grundton regelmäßig angeordnete, dunklere Streifen, die sich durch höheren Eisen- und Feinteilgehalt auszeichnen. Gelegentlich verhärten diese eisenreichen Schichten und treten an ausgewehten Profilwänden lamellenartig hervor (s. Taf. I, 1). Trotz weitgehender Gleichkörnigkeit (0,1—0,5 mm) sind ihre gut durchlüfteten Böden auf Grund dieser eisenreichen Feinbodenschichten durchaus nicht durchlässig, so daß ihre Produktionskraft noch etwa der des Geschiebesandes ($S_c$) entspricht. Reine Spatsande beschränken sich im Revier im wesentlichen auf den Bereich des Höhendiluviums, wo sie regelmäßig Geschiebesanddecken tragen.

Eine recht merkwürdige Erscheinung von lokaler Bedeutung sind eisenreiche Grobsande und Kiese, die ich als „Rostkiese“ bezeichnen möchte. Sie bilden regelmäßig den Kern der Faltungslinien, also die Kuppen der heutigen Geländerücken und schieben sich kissenartig zwischen Spatsand und Moränendecke ein. Ihr Material besteht ähnlich wie das der Moräne aus einem Gemenge, in dem jedoch gröbere Bestandteile, vor allem Grobsande und Kiese, vorherrschen. Zum Unterschied von den Geschiebesanden enthalten sie völlig gerundete Gerölle und Schotter (s. Taf. I, 2). Auffallend ist der hohe, gleichmäßig verteilte Eisenhydroxydgehalt, der dem Material eine einheitliche rostrote bis rostbraune Färbung verleiht. Bemerkenswert ist ein gelegentliches Vorkommen von Feuersteinen und z. T. auch ausgewitterten Versteinerungen silurischer Kalke in diesen Rostkiesen. Der Eisenreichtum dieses auch aus anderen Gegenden als „einheimische Schotter“ beschriebenen Materials, so von BEHREND (1877) und SCHMIERER (1910), wird von LAATSCH (1934) auf starke Ferritisierung in einer Grenzzone zwischen Wasser und Luft zurückgeführt.

Exponierte Lage und grobkörnige Zusammensetzung lassen einen ungünstigen Wasserhaushalt für diese Schichten erwarten, der jedoch durch eine Geschiebesanddecke (Verdunstungsschutz) sowie hohen Eisenhydroxydgehalt (Hygroskopizität) zumindest ausgeglichen wird. Die Produktionskraft dieser Grobsande und Kiese entspricht in ebener Lage etwa einer II. Kiefernertragsklasse ($S_b$). — Wo Rostkiese unter schwachen Geschiebesanddecken noch an der Bildung oberer Bodenschichten teilnehmen, finden sich teilweise eigenartige Profilausbildungen. Unter einem normalen Verlehmungshorizont treffen wir z. T. bankig verfestigte Eisenanreicherungshorizonte. Diese podsolartigen Ausscheidungen können nur

1. Spatsandprofil mit verhärteten eisenreichen Feinbodenschichten

2. Rotskiesprofil in Abt. 44

1. Profil einer oligotrophen podsoligen Braunerde in Abt. 26 (Geschiebesand)

2. Profil eines Eisen-Humus-Podsols über Gley in Abt. 40 (Dünensand)

als rein mechanische, an Sickerwasser gebundene Eisenauswaschung (Durchschlämmung) aus dem Rostkiesmaterial gewertet werden. Durch Filterwirkung kommen diese Eisen- z. T. auch Humusbestandteile an der Obergrenze des feinkörnigen Spatsandes zur Ausscheidung und verkitten diesen zu einer Art Eisen-Sandstein, der rostrote bis schwarzbraune Färbung aufweisen kann.

Inwieweit der sogenannte „Eisenfuchs" (KEILHACK 1891) mit diesem Rostkies in Zusammenhang steht, bleibt fraglich. Es handelt sich hierbei um eisenreiche Mittelsande, die den Moränenbildungen aufgelagert oder in sie eingeschwemmt sind. Bemerkenswert ist ihre je nach Eisen- und Humusgehalt zwischen schwarzrot über ziegel- bis gelbrot schwankende, völlig gleichmäßige Färbung, die sich scharf vom anders gefärbten Unterboden absetzt. In ihrer Produktionskraft entsprechen diese Eisenfuchssande etwa der des Rostkieses($S_b$). Ihre Lagerung zwischen Warthe-Moräne und Dünensanden besagt, daß sie zum Unterschied von den Rostkiesen spät-diluvialer bis früh-alluvialer Herkunft sind.

Als jüngste Ablagerung haben Dünensande im Höhendiluvium örtliche Verbreitung. Ihr gleichkörniges Material, das lediglich zwischen Mittel- und Feinsand (0,1—0,5 mm Korngröße) schwankt, ist besonders am Rande des Taldiluviums zu Rücken zusammengeweht oder überlagert flächig auftretend in Decken bis 1 m Stärke Moränenböden. Die Produktionskraft der hiesigen Dünensande schwankt zwischen Kiefer III. bis IV. Ertragsklasse ($S_{c-d}$), womit sie die ärmsten Standorte im Revier darstellen. Soweit es sich nicht um junge Ablagerungen mit rankerartigen Profilen handelt, sind diese Böden meist schwach bis mäßig podsoliert. — Am Rande des Taldiluviums treten auch Eisen-Humuspodsole über Gley auf (s. Taf. II, 2).

Örtliche Bedeutung haben die kleinflächigen tertiären Bildungen der Kohlen- und Glimmersande, die sich als feldspatfreie Quarzsande durch einen wechselnd hohen Gehalt an kohligen Bestandteilen bzw. hellen Glimmerschüppchen auszeichnen. Ihr Material ist in der Regel sehr gleich-

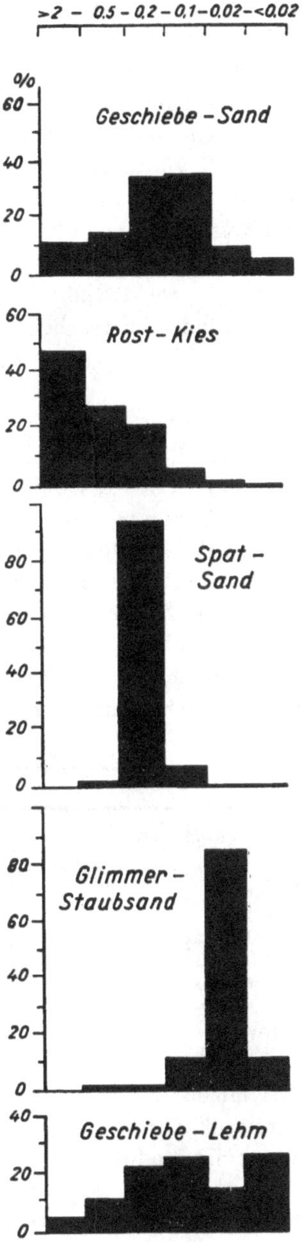


Abb. 6.
Übersicht über die Korngrößenzusammensetzung der wichtigsten Mineralböden im Untersuchungsgebiet

körnig zusammengesetzt und wechselt schichtweise im wesentlichen zwischen Feinsand bis Staub (s. Abb. 6). Gemessen an den Wuchsleistungen der Bestände (Kiefer ± II. Ertragsklasse), zählen diese feinkörnigen Sande noch zu den kräftigen Sandstandorten ($S_b$). — Die schwarzgrauen Kohlensande beschränken sich anscheinend auf das grundwasserbeeinflußte Vorfläminggebiet; reine Glimmersande von weißgrauer oder gelblich bis bräunlicher Farbe (Eisenhydroxyd!) wurden vornehmlich im Höhendiluvium gefunden. Überlagert werden diese tertiären Feinsande stets von stärkeren diluvialen Decken.

War bisher die Produktionskraft der Sandböden indirekt nach der Ertragsleistung etwa 100jähriger Kiefernbestände beurteilt worden, so mag Tab. 4 zeigen, daß auch die chemische Analyse (HCl-Auszug) in der Nährstoffsumme eine ähnliche Abstufung von den $S_b$-Sanden über die $S_c$-Sande zum Dünensand hin ($S_d$) ergibt.

Bemerkenswerterweise werden diese Unterschiede, außer beim Kohlensand, nicht durch den Gehalt an Kalk, Phosphor, Magnesium und Mangan, sondern allein durch den Eisen-Tonerde-Gehalt bedingt.

Ebenfalls nur in örtlich begrenzten Vorkommen nimmt Geschiebelehm im Revier an der Bodenbildung teil. Unter anlehmigen Sanddecken wechselnder Stärke sind diese altdiluvialen Lehme tiefgründig entkalkt und meist dicht gelagert. Als Anzeichen für einen leichten Sickerwasserstau ist im Höhendiluvium gelegentlich eine Verfahlung über dem Lehmhorizont feststellbar. Im Taldiluvium beschränken sich Reste von Geschiebelehmvorkommen gewöhnlich auf nesterweise Einschaltungen im Talgeschiebesand.

*Tabelle 4. Zusammenstellung der Ergebnisse des* HCl-*Auszuges verschiedener Sandproben*

| Boden | | MnO | CaO | MgO | $Fe_2O_3$ | $Al_2O_3$ | $P_2O_5$ | Summe |
|---|---|---|---|---|---|---|---|---|
| Rostsand . . . . | $S_b$ | 0,001 | 0,012 | 0,030 | 2,050 | 0,680 | 0,028 | 2,983% |
| Rostkies . . . . . | $S_b$ | 0,032 | 0,026 | 0,200 | 1,597 | 0,677 | 0,050 | 2,582% |
| Glimmersand . . . | $S_b$ | 0,006 | 0,083 | 0,069 | 1,010 | 0,710 | 0,011 | 1,889% |
| Kohlensand . . . | $S_b$ | 0,027 | 0,594 | 0,017 | 0,470 | 0,180 | 0,009 | 1,297% |
| Geschiebesand . . | $S_c$ | 0,017 | 0,071 | 0,052 | 0,160 | 0,231 | 0,010 | 0,541% |
| Spatsand . . . . | $S_c$ | 0,032 | 0,017 | 0,045 | 0,080 | 0,091 | 0,006 | 0,271% |
| Dünensand . . . . | $S_d$ | 0,029 | 0,030 | 0,034 | 0,093 | 0,000 | 0,010 | 0,196% |

Zusammen mit dem sog. Talton, der als schluffig-tonige Sinkstoffablagerung vereinzelt in Senken und Rinnen des Taldiluviums auftritt, bilden die Geschiebelehme die produktionskräftigsten Standorte des Reviers.

Als örtliche Besonderheit sind schließlich noch die Gehängetorfe der Quellmoore am Rande des Höhendiluviums zu erwähnen. Von den normalen Grünlandtorfen der Niederungen unterscheiden sie sich durch ein „hochmoorartiges" Höhenwachstum weit über das einstige Niveau hinaus (KEILHACK 1891).

Die Zusammensetzung dieses Gehängetorfes kann sehr unterschiedlich sein und zwischen schwarzem, feinhumusreichem Torf bis zu feinteilarmem, meist graubraunem Fasertorf variieren. OVERBECK (1939) unterscheidet, abgesehen vom Ausgangsmaterial, zahlreiche „Humositätsgrade“ (H) beim Torf. Danach kann man hier grob trennen zwischen:

1. kaum zersetztem Torf, der beim Pressen mit der Hand nur bisweilen (gelblich bis bräunlich) gefärbtes Wasser ohne Torfsubstanz abgibt; der Rückstand ist faserig (Fasertorf $H_{2-3}$);
2. halbzersetztem Torf, der beim Pressen stark trübes Wasser mit etwas Torfsubstanz abgibt; der Rückstand ist breiartig, läßt jedoch noch deutlich Pflanzenstrukturen erkennen ($H_{4-6}$);
3. stark zersetztem Torf, der beim Pressen über die Hälfte der Torfsubstanz mit dem Wasser abgibt; der Rückstand besteht vorwiegend aus widerstandsfähigen Holz- und Wurzelteilen; Pflanzenstrukturen sind sonst jedoch kaum mehr erkennbar (Feintorf $H_{7-9}$).

Die Verschiedenheiten in der substanzmäßigen Zusammensetzung bedingen auch z. T. erhebliche ökologische Unterschiede. Abgesehen von gewissen Unterschieden im Wasserhaltevermögen, kann man sagen, daß die Produktionskraft des Torfes mit zunehmendem Feinteilgehalt wächst. Im gleichen Sinne nehmen der Aschenrückstand[1]) zu und der Säuregrad ab (s. Tab. 5).

*Tabelle 5. Zusammenstellung von Analysenwerten von Faser- (a—e) und Feintorfproben (f—k)*

| Probe: | a | b | c | d | e | f | g | h | i | k | Schwankungsbereich a—e | Schwankungsbereich f—k |
|---|---|---|---|---|---|---|---|---|---|---|---|---|
| pH in $H_2O$ | 3,9 | 4,0 | 4,0 | 4,0 | 4,3 | 5,0 | 5,3 | 5,6 | 5,6 | 5,8 | 3,5—4,5 | 5—6 |
| pH in KCl | 3,4 | 3,1 | 3,3 | 3,8 | 3,7 | 4,8 | 4,6 | 5,5 | 5,5 | 4,9 | 3—4 | 4,5—5,5 |
| Aschen-% | 13 | 11 | 7 | 6 | 11 | 45 | 29 | 24 | 44 | 22 | 5—15 | 20—50 |

Die Ertragsleistung von Erlenbeständen liegt beim feinhumusarmen Fasertorf (Birkenbruchwald—Niedermoor) um Erle III. Bonität und steigt beim Feintorf (Erlenbruchwald—Niedermoor) auf Erle II. bis I/II. Bonität. Diese Unterschiede in der Torfzusammensetzung bzw. -güte treten nicht nur flächenweise getrennt auf, sondern sind innerhalb jedes stärkeren Torfprofils zu erkennen, was mit der Dynamik der hiesigen Quellmoore in Zusammenhang steht (s. S. 77ff.).

Trotz der teilweise nur wenig mächtigen Torfauflagen treten diese infolge hohen Grundwasserstandes häufig bodenbildend, sonst als alluviale Decken über Talgeschiebesanden auf.

## *2. Grundwasserverhältnisse*

Etwa die Hälfte der Revierfläche von Magdeburgerforth liegt im Bereiche des Vorflämings und damit auf grundwasserbeeinflußten Böden.

---

[1]) Aschenrückstand gleich 100 minus Glühverlust-%.

Je nach der Lage des Grundwasserstandes können wir im Revier

Naßböden (Höchststand nahe der Oberfläche)
feuchte Böden (Höchststand zwischen 20—60 cm Tiefe)
frische Böden (Höchststand zwischen 60—150 cm Tiefe)

unterscheiden. Noch tiefer anstehendes Grundwasser kommt in der Vegetationszusammensetzung kaum mehr zum Ausdruck.

Durch Beobachtungen über die jahreszeitlichen Schwankungen des Grundwasserspiegels in Beispielgruben (PASSARGE 1954) konnte, abgesehen vom normalen Jahresgang in Waldböden (Höchststand im Frühjahr, Tiefststand im Herbst), eine gewisse Modifikation durch die Bodenart festgestellt werden.

Danach sind die absoluten Schwankungen in den hiesigen Gehängetorfböden sehr gering; sie betragen selten mehr als 1—2 dm. Mittlere Schwankungen treffen wir bei durchlässigen Sanden, während lehmbeeinflußte Böden sich durch starke (10—20 dm) und jahreszeitlich etwas verzögerte Grundwasserspiegelschwankungen auszeichnen.

Die Grundwassergüte ist im Revier sehr wechselnd. Allein beim Kalkgehalt wurden Werte festgestellt, die zwischen 20 und 300 mg CaO/l schwankten. Auch die Quellwässer sind in dieser Hinsicht durchaus nicht einheitlich, konnten doch selbst bei benachbarten Quellen erhebliche Unterschiede gemessen werden.

## IV. Standortsübersicht

Eine kurze Zusammenstellung der einzelnen Standortfaktoren zeigt im Revier folgende Verhältnisse:

1. In geomorphologischer Hinsicht ergibt sich neben den Unterschieden zwischen Höhen- und Taldiluvium ein ständiges Auf und Ab, bedingt durch die Kuppen und Hügelketten der Faltungslinien.
2. Das Klima zeigt als wesentliche Faktoren für die Vegetation nur mäßige Niederschläge und öfter auftretende Schadfröste.
3. Die Böden sind im Durchschnitt von mittlerer Güte und hinsichtlich ihres Wasserhaushaltes im Höhendiluvium mäßig frisch bis mäßig trocken, im Taldiluvium vornehmlich grundfrisch bis feucht.

Nach dem Gesagten lassen sich die hiesigen Standorte wie folgt gliedern:

Grundwasserbeeinflußte Böden des Vorflämings

| | |
|---|---|
| Nasse Standorte: | a) milde Feintorfböden |
| | b) saure Fasertorfböden |
| Feuchte Standorte: | a) lehmbeeinflußte Böden |
| | b) reiche Sande |
| | c) mittlere bis ärmere Sande |
| | d) mittlere bis ärmere Torfböden |

Frische Standorte: a) lehmbeeinflußte Böden
b) reiche bis mittlere Sande
c) mittlere bis ärmere Sande

Grundwasserferne Böden des Flämingplateaus

Mäßig frisch bis mäßig trockene Standorte:
a) lehmbeeinflußte Böden
b) reiche bis mittlere Sande

Trockene Standorte: a) mittlere Sande (in exponierter Lage)
b) ärmere Sande

# B. Vegetationsverhältnisse

## I. Bestockungsentwicklung

Allgemeine Aufzeichnungen über besondere Vorkommnisse in dem damals königlich preußischen, zum Amte Ziesar (Magdeburg) gehörigen Forst gehen bis auf den Anfang des 18. Jahrhunderts zurück. Zuverlässige Angaben über die Waldzusammensetzung im Revier Magdeburgerforth beschränken sich auf die letzten 200 Jahre. Die Waldfläche hat sich im Hauptrevier seit 1750 nur wenig verändert. Die Ablösung umfangreicher Berechtigungen (MORGENLÄNDER 1780) im Wege der Landabfindung führte im Laufe des 19. Jahrhunderts zu einem Flächenabgang von 5%.

### *1. Entwicklung der Holzartenzusammensetzung (1750—1900)*

Die ersten zahlenmäßigen Angaben über Bestockungsverhältnisse im Revier Magdeburgerforth stammen aus den Jahren 1769/70, als mit der ersten Vermessung eine Einteilung in Schläge von 10—15 ha Größe erfolgte. Es wurden damals 80 Kiefernschläge, 40 Birken-, 40 Hainbuchen- und einige Buchenschläge (etwa 10) ausgeschieden.

Nach der farbigen Bestandskarte von 1789/90 trug der gesamte Komplex des Höhendiluviums bereits Kiefernbestände, die nur einzelne Eichen, Buchen und Birken als Mischhölzer enthielten. Im Taldiluvium beschränkten sich die Nadelholzvorkommen auf die etwa 100 ha umfassenden sog. „Kienen-Mööre" (Quellmoore), in denen die Kiefer als Mischholz auftrat. Sonst waren hier Erle, Birke, Buche und Eiche die Hauptholzarten. An Bestandsfläche entfielen auf Eiche etwa 40 ha, auf Buche immerhin 140 ha, und Erle und Birke wiesen eine Bestockungsfläche von je 400 ha auf. Um 1800 waren somit noch etwa 1000 ha, also fast 50% der Gesamtfläche mit Laubholz bestockt.

Im Laufe des 19. Jahrhunderts wird der Kiefernanbau auch auf das Taldiluvium ausgedehnt und damit werden Birke und Erle auf die eigentlichen Bruchböden zurückgedrängt. — Während der Hartigschen Zeit erfährt vorübergehend auch die Eiche eine gewisse Förderung; um 1850 wird schließlich die Fichte eingeführt.

Von der zweiten Hälfte des 19. Jahrhunderts ab erhöht sich die Nadelholzbestockungsfläche nur noch unwesentlich, dagegen sind leichte Verschiebungen im Laubholzanteil, der um 1900 auf 300 ha zusammengeschmolzen war, zu verzeichnen. So ist eine allmähliche Zunahme des Eichen-, Hainbuchen- und Buchenanteils auf Kosten von Erle und Birke feststellbar.

Eine Übersicht über die Veränderungen der Bestockungsflächen während des Zeitraumes 1770—1936 (s. Tab. 6) läßt deutlich drei Zeitabschnitte erkennen:

*Tabelle 6. Entwicklung der Bestockungsflächenverteilung (in Prozent) im Revier Magdeburgerforth*

| | 1770 | 1802 | 1830 | 1860 | 1903 | 1936 |
|---|---|---|---|---|---|---|
| Eiche . . . . . . . . . . | 1 | 2 | 3 | 4 | 6 | 6% |
| Buche – Hainbuche . . . | 23 | 8 | 7 | 2 | 3 | 4% |
| Erle – Birke . . . . . . | 26 | 36 | 20 | 10 | 5 | 3% |
| Kiefer – Fichte . . . . . | 50 | 54 | 70 | 84 | 86 | 87% |

1. Bis 1800 erhebliche Zunahme des Erlen-Birkenanteils auf Kosten von Buche–Hainbuche (Weichlaubholz-Niederwald auf devastierten Flächen).
2. 1800—1860 starke Zunahme des Kiefernanteils auf Kosten von Erle und Birke (Beginn der geregelten Forstwirtschaft mit Kiefernwaldbau-Vorstoß).
3. 1860—1900 Einführung der Fichte, geringfügige Zunahme der Buchen-Hainbuchen- und Eichenbestockungsfläche auf Kosten von Erle und Birke (Nadelholz-Hochwaldwirtschaft).

## *2. Die heutigen Bestockungsverhältnisse*

Nach der letzten Forsteinrichtung im Jahre 1936 nehmen Nadelholzbestände 87% der Revierfläche ein. Diese für das äußere Bild zutreffende Zahl vermag jedoch nicht die tatsächlichen Bestockungsverhältnisse zu kennzeichnen. Unter dem Schirm der alternden Kiefernbestände haben die natürlichen Holzarten, Buche, Eiche, Hainbuche und Birke, im Taldiluvium wie auch im Gebiete des Flämingplateaus wieder Fuß gefaßt und bilden auf allen mittleren und guten Standorten einen mehr oder minder geschlossenen Unterstand.
Bereits in der Gegenüberstellung von Flächen- und Massenprozent kommt dies deutlich zum Ausdruck (s. Tab. 7).

*Tabelle 7. Die Flächen- und Massenanteile der Hauptholzarten im Jahre 1936*

| | Flächen-% | | Vorratsmassen-% | |
|---|---|---|---|---|
| Eiche . . . . . . . . . . . . | 6 | 13 | 8 | 25 |
| Buche – Hainbuche . . . . . | 4 | | 11 | |
| übrige Laubhölzer . . . . . . | 3 | | 6 | |
| Kiefer – Fichte . . . . . . . | | 87 | | 75 |

In jüngster Zeit sind aus diesen Zwischenwaldstadien (vgl. WECK 1948) vielfach „mit der Axt begründete“ (Kiefernaushieb!), mitteljährige (40—80jährige), meist schlechtschaftige Eichen-Buchen-Mischbestände entstanden.

*Zusammenfassung*

An der ursprünglichen Holzartenzusammensetzung waren in Magdeburgerforth Buche, Eiche, Hainbuche, Birke, Erle und Kiefer beteiligt. Die älteren Kiefernforsten im Taldiluvium stellen heute ein dem Zwischenwald entsprechendes Stadium der Naturwaldregeneration mit Buche, Eiche, Hainbuche sowie Birke und Eberesche im Unterwuchs bzw. Unter- und Zwischenstand dar. Im Höhendiluvium trifft dies nur für die reicheren Standorte zu.

## II. Die natürlichen Waldgesellschaften

### Erläuterungen

Die pflanzensoziologischen Einheiten stützen sich auf zahlreiche Feldaufnahmen, für die möglichst einheitliche Flächen von 200—400 m² Größe in normal geschlossenen Baumhölzern mit naturnaher Holzartenzusammensetzung ausgewählt wurden. Aufnahmemethodik und Auswertung wurden im Sinne von BRAUN-BLANQUET (1951) durchgeführt. Für die Abgrenzung und Kennzeichnung der Einheiten war die charakteristische Artenkombination (vgl. SCAMONI 1954) das entscheidende Kriterium.

Neben den edaphisch-ökologisch bedingten Unterschieden in der floristischen Zusammensetzung der Vegetationseinheiten wurde versucht, im Wege vergleichender Betrachtung auch die geographisch-klimatische Stellung der hiesigen Gesellschaften zu beleuchten. In den beigegebenen Gesellschaftstabellen sind die Arten nach soziologisch-systematischen Gesichtspunkten angeordnet, im Text haben physiognomische Gesellschaftsmerkmale den Vorrang. Die standörtlichen Bedingungen der Vegetationseinheiten werden durch Analysenergebnisse von Bodenuntersuchungen, Profilbeschreibungen und Bodenprofilskizzen erläutert.

Bei den Profilzeichnungen wurden folgende Signaturen verwandt (nach den im Agrar-chemischen Institut der ETH Zürich und im Institut für forstliche Bodenkunde, Eberswalde, ausgearbeiteten Richtlinien):

### Organische Bodenkomponente

Unzersetzte Streu (bei der Bodenflora einschließlich Wurzelfilz) der:

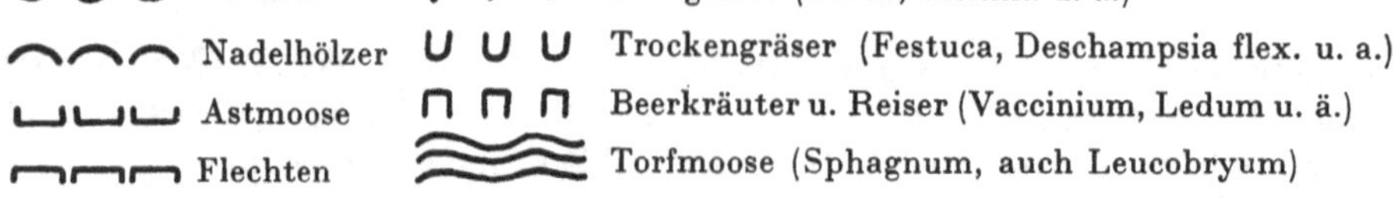

Auflagehumus der Humusstoffschicht

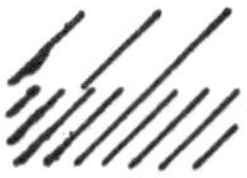
feinhumusarmer / feinhumusreicher } milder Humus

feinhumusarmer / feinhumusreicher } saurer Humus

Torfe (unter Grundwassereinfluß konservierte organische Substanz)

Seggen- / Sphagnum- } Torf, feinhumusarm, sauer (Fasertorf)

feinhumusreicher milder Torf (Feintorf) mit einzelnen Holzresten.

durch aerobe Zersetzung vermullter Torf
(nach Grundwasserspiegelsenkung)

Humus- bzw. Torfgehalt in Mineralböden wird durch Mischsignatur dargestellt.

## Mineralische Bodenkomponente

Steine über 20 mm

Kies (2—20 mm)

Grobsand (0,5—2 mm)

Mittelsand (0,2—0,5 mm)

Feinsand (0,1—0,2 mm)

Staubsand und Staub
(0,2—0,02 mm)

Lehm

Ton (unter 0,002 mm)

## Bodendynamik

schwache . . .

mäßige . . .

starke Sesquioxydfreilegung ohne Wanderung (Verbraunung)

schwache . . .

mäßige . . .

starke Anreicherung verlagerter Sesquioxyde im Illuvialhorizont

Bleichung infolge Auswaschung

(je höher der Anteil der mit abwärtsgerichteten Haken versehenen Bodenartenzeichen im Eluvialhorizont, desto stärker die Bleichung)

Bleichung durch Reduktions- und Auswaschungsvorgänge

Rostflecken
Rostbänder
} durch Oxydations-Reduktionsvorgänge bedingte Eisenoxydhydrat-Ausscheidungen im oberen Gleyhorizont

eisenreiche Feinbodenschichten im Spatsand

Konkretionen (Ort- bzw. Raseneisensteinknollen)

schichtartige Verhärtungen (Ort- bzw. Raseneisensteinbänke)

schichtartige Bodenverdichtung

deutlich lockere Lagerung des Bodens (z. B. Krümelstruktur)

schwache... mäßige... starke Wurmtätigkeit im Boden

Jahreszeitlicher Schwankungsbereich des Grundwassers (Beobachtung in Bodenprofilen 1949—51)

± stagnierendes Grundwasser

± bewegtes Grundwasser

stark strömendes Quellwasser

## 1. *Erlen-Eschenwälder*

(*Alneto – Ulmion*)

Innerhalb der reichen Erlenwälder mit z. T. auenartiger Vegetation lassen sich im Gebiet drei Gesellschaften abgrenzen: der Quellmoor-Erlen-Eschenwald, der Niederungs-Erlen-Eschenwald und der Bach-Eschenwald.

### a) Quellmoor-Erlen-Eschenwald

(*Circaeo – Alnetum*)

#### Gesellschaftsaufbau und Untereinheiten

Die verbreitetste Gesellschaft aus der Gruppe der Erlen-Eschenwälder ist im Gebiet der Quellmoor-Erlen-Eschenwald. Die Erle bildet als vorherrschende

*Systematische Übersicht*

| Gesellschaftsgruppe Verband | Waldgesellschaft | Assoziation |
|---|---|---|
| 1. Erlen-Eschenwälder<br>Alneto-Ulmion Br. Bl. et Tx. 1943 | Quellmoor-Erlen-Eschenwald | Circaeo-Alnetum Oberd. 1953 |
| | Niederungs-Erlen-Eschenwald | Pruneto-Fraxinetum Oberd. 1953 |
| | Bach-Eschenwald | Cariceto remotae-Fraxinetum Koch 1926 |
| 2. Bruchwälder<br>Alnion glutinosae Malc. 1929 | Typischer Erlenbruchwald<br>Quellmoor-Erlenbruchwald | Cariceto elongatae-Alnetum (Koch 1926) Tx. et Bodeux 1955 |
| Betulion pubescentis Lohm. et Tx. 1955 | Birkenbruch | Betuletum pubescentis Tx. 1937 |
| 3. Arme Laubmischwälder<br>Quercion robori- petraeae (Malc. 1929) Br.-Bl. 1932 | Stieleichen-Birkenwald | Querceto roboris-Betuletum Tx. 1930 |
| | Heidelbeer-Buchenwald | Deschampsio-Fagetum (Markgraf 1932) |
| | Traubeneichen-Birken-(Kiefern)wald | Violo-Quercetum (Tx. 1937) Oberd. 1956 |
| 4. Kiefernwälder<br>Pinion silvestris Libb. 1933 | Moos-Kiefernwald | Dicrano-Pinetum (Kobendza 1930) Prsg. et Knapp 1942 |
| | Flechten-Kiefernwald | Cladonio-Pinetum (Krieger 1937) Pass. 1956 |
| 5. Eichen-Hainbuchenwälder<br>Carpinion Tx. 1937 em. Oberd. 1953 | Waldziest-Stieleichen-Hainbuchenwald | Stellario-Carpinetum (Tx. 1930) Oberd. 1956 |
| | Widerton-Stieleichen-Hainbuchenwald | |
| | Widerton-Traubeneichen-Hainbuchenwald (Buchen-Ahorn-Eschenwald) | |

Holzart gutwüchsige Bestände (II. Ertragsklasse und besser), in denen regelmäßig die Moorbirke als Mischholzart vorkommt. Mehr vereinzelt treten ferner Esche, Buche, Bergahorn, Traubenkirsche und Flatterulme, in der weniger nassen Ausbildungsform auch Stieleiche und Hainbuche auf (s. Taf. III, 1). Zu den genannten Holzarten gesellen sich im Unterwuchs noch Pulverholz, Pfaffenhütchen und Eberesche, seltener Hasel und Weißdorn hinzu. Die Bodenflora des Quellmoor-Erlen-Eschenwaldes wird teils von *Carex acutiformis*, teils von *Deschampsia caespitosa* beherrscht. Stets begleiten sie *Rubus idaeus*, *Oxalis acetosella*, *Dryopteris austriaca*, *Athyrium filix femina*, *Galium palustre*, *Lysimachia vulgaris*, *Anemone nemorosa* sowie die Moosarten *Mnium undulatum*, *Mnium affine spec.*, *Mnium hornum* und *Lophocolea bidentata*.

Gegenüber den beiden anderen Gesellschaften des Erlen-Eschenwaldes zeichnet sich der Quellmoor-Erlen-Eschenwald im Gebiet durch das Auftreten von Moorbirke und Buche sowie *Circaea alpina*, *Agrostis stolonifera*, *Lonicera periclymenum*, *Calamagrostis canescens*, *Luzula pilosa*, *Viola palustris*, *Majanthemum bifolium*, *Lophocolea bidentata*, *Polytrichum attenuatum* und *Sphagnum spec.* aus. All diese Arten weisen auf ärmere und weniger nasse Standorte hin. — Vom hiesigen Erlenbruchwald unterscheidet sich der Quellmoor-Erlen-Eschenwald durch anspruchsvollere Arten wie *Festuca gigantea*, *Carex remota*, *Circaea lutetiana*, *Anemone nemorosa*, *Geranium robertianum*, *Mnium undulatum* und *Eurhynchium praelongum*. Eine deutliche Schwerpunktbildung zeigen ferner *Impatiens noli tangere*, *Athyrium filix femina* und *Circaea alpina*.

Durch Unterschiede im Wasserhaushalt bedingt, lassen sich im Gebiet zwei Untereinheiten abgrenzen. Die Ausbildungsform von *Dryopteris thelypteris* besiedelt die nassen Böden und bildet den Übergang zum Erlenbruchwald. Das interessante Vorkommen des Buchenfarns (*Dryopteris phegopteris*) ist auf diese Untereinheit beschränkt (s. Taf. III, 2).

Zum Stieleichen-Hainbuchenwald leitet die Ausbildungsform von *Lamium galeobdolon* (*Stellaria holostea*, *Milium effusum* usw.) über.
Die Aufnahmen der Ges.-Tab.[1]) I(1—14) stammen aus den Quellmooren der Abteilungen (Jagen): 20, 36, 46, 47, 48, 49, 56, 57, 90, 94 und 95 (Revier Dretzen, Sandforth und Reesdorf).

Erläuterungen zu den Gesellschafts-Tabellen:

Holzart in [. . .] bedeutet: Vorkommen durch forstwirtschaftliche Maßnahmen (künstlich) gefördert

$D_{1,2}$ vor einem Artnamen bedeutet: Trennart der 1., 2. . . . Untergesellschaft

$d_{1,2}$ vor einem Artnamen bedeutet: Trennart der 1., 2. . . . Variante

$\Delta$ vor einem Artnamen bedeutet: Trennart der geographischen Ausbildung (vgl. SCHWICKERATH 1942)

---

[1]) Ges.-Tab. = Gesellschafts-Tabelle.

*Ges.-Tabelle I: Quellmoor-Erlen-Eschenwald — Circaeo-Alnetum (Nr. 1—14)*
*Niederungs-Erlen-Eschenwald — Pruneto-Fraxinetum (Nr. 15)*

| Aufnahme Nr.: | | 1 | 2 | 3 | 4 | 5 | 6 | 7 | 8 | 9 | 10 | 11 | 12 | 13 | 14 | 15 |
|---|---|---|---|---|---|---|---|---|---|---|---|---|---|---|---|---|
| Artenzahl: | | 25 | 27 | 34 | 29 | 36 | 39 | 40 | 33 | 37 | 43 | 32 | 41 | 41 | 39 | 41 |
| *Bäume und Sträucher:* | | | | | | | | | | | | | | | | |
| Alnus glutinosa | B | 4 | 4 | 3 | 4 | 4 | 4 | 5 | 4 | 4 | 5 | 4 | 5 | 4 | 3 | 5 |
| Alnus glutinosa | S | + | 1 | 1 | 1 | + | + | + | + | + | + | | + | + | | + |
| Betula pubescens | B | 1 | | 2 | 1 | 1 | 1 | 1 | 2 | 2 | 1 | + | 1 | 2 | 1 | |
| Betula pubescens | S | | | + | + | | | + | + | + | + | | + | + | | |
| Fraxinus excelsior | B | | | | | | | + | + | | 2 | | + | | 2 | 1 |
| Fraxinus excelsior | S | | | + | | | | + | | | + | | | + | 2 | + |
| Fagus silvatica | B | + | 1 | | | | + | 1 | | | | | | 1 | 1 | |
| Fagus silvatica | S | | + | + | | + | | | | | | | | | + | |
| Acer pseudoplatanus | B | 1 | 1 | | | | | | | | | | | | 2 | |
| Acer pseudoplatanus | S | | + | 1 | | | | 2 | | | | 3 | + | + | 1 | + |
| $D_2$ Quercus robur | B | | | | | | | | | 1 | + | 1 | + | | 2 | + |
| Quercus robur | S | | | | | | | | | | + | + | + | + | | |
| Prunus padus | B + S | + | | 1 | | + | | | | | | 2 | | | + | + |
| $D_2$ Carpinus betulus | B + S | | | | | | | | | | + | + | + | + | 1 | |
| Sorbus aucuparia | S | | | | + | | | | 1 | + | + | + | | | + | + |
| Ulmus effusa | B + S | | 1 | | | | | | | | + | | | | | |
| Rhamnus frangula | | + | | 1 | | 2 | 1 | 2 | 1 | + | + | | 2 | | | + |
| Evonymus europaea | | + | | | | | | + | | + | | + | + | + | + | |
| Corylus avellana | | | + | | | | | | | + | | | | | + | |
| Crataegus spec. | | | | | | | | | + | | + | | | | | + |
| Ribes nigrum | | 2 | | | | | | | | | | | | | | |
| *Bodenflora:* | | | | | | | | | | | | | | | | |
| Kenn- und Trennarten der Gesellschaft: | | | | | | | | | | | | | | | | |
| Athyrium filix-femina | | + | + | + | + | 1 | 2 | 1 | 1 | 1 | + | + | 1 | 1 | + | + |
| Mnium undulatum | | + | + | 1 | + | 2 | 1 | 1 | 3 | + | 1 | | + | | + | + |
| Festuca gigantea | | | | | | + | + | + | | | + | + | + | + | | 1 |
| Circaea alpina | | | + | + | 2 | 2 | + | | + | + | | | | + | | |
| Carex remota | | | | | | | + | + | | | + | + | + | + | | |
| Circaea lutetiana | | | + | | | | | + | | | | 2 | + | | | + |
| Eurhynchium praelongum | | | | | | 2 | | | 3 | + | 3 | | | | + | |
| Impatiens noli-tangere | | | 3 | 1 | + | 3 | | 1 | | | | 3 | + | 1 | | 3 |
| Chrysosplenium alternifolium | | | | | | | | | | | | | | | + | |
| Trennarten der Untereinheiten: | | | | | | | | | | | | | | | | |
| $D_1$: Dryopteris thelypteris | | 2 | 4 | 4 | 4 | 1 | 2 | + | | | | | | | | |
| Dryopteris phegopteris | | | 2 | | 2 | | 1 | | | | | | | | | |
| Thuidium tamariscinum | | + | | + | | + | | | | | | | | | | |
| $D_2$: Stellaria holostea | | | | | | | 1 | | + | 1 | 1 | 1 | + | | + | 2 |
| Milium effusum | | | | | | | | + | | 1 | 1 | 1 | 1 | + | | + |
| Holcus lanatus | | | | | | | | | + | | + | | | 1 | | + |
| Lamium galeobdolon | | | | | | | | + | | + | 1 | 3 | + | 3 | + | 3 |
| Scutellaria galericulata | | | | | | | | | + | + | + | + | + | + | + | + |
| Laubmischwaldarten: | | | | | | | | | | | | | | | | |
| Anemone nemorosa | | + | 1 | + | 2 | 2 | + | 2 | 3 | 1 | + | | + | | 3 | |
| Geranium robertianum | | | + | + | | | + | + | | | | | | 1 | + | 3 |

*Ges.-Tabelle I: Quellmoor-Erlen-Eschenwald — Circaeo-Alnetum*

| Aufnahme Nr.: | 1 | 2 | 3 | 4 | 5 | 6 | 7 | 8 | 9 | 10 | 11 | 12 | 13 | 14 | 15 |
|---|---|---|---|---|---|---|---|---|---|---|---|---|---|---|---|
| Artenzahl: | 25 | 27 | 34 | 29 | 36 | 39 | 40 | 33 | 37 | 43 | 32 | 41 | 41 | 39 | 41 |
| Catharinea undulata | | | | | 1 | + | | | | | | + | | | |
| Stachys silvatica | | | | | | | | | | | + | | | | |
| Ranunculus auricomus | | | | | | | | | | | | | | + | |
| Glechoma hederacea | | | | | | | | | | + | | | | | 1 |
| **Bruchwaldarten:** | | | | | | | | | | | | | | | |
| Calamagrostis canescens | | + | + | + | | | | | + | | | | + | + | |
| Lycopus europaeus | | | | | | + | + | | | 1 | | + | | | + |
| Carex elongata | | | | | 4 | + | | | | + | | | | | |
| **Übrige Arten:** | | | | | | | | | | | | | | | |
| Rubus idaeus | + | + | 1 | + | 2 | 3 | 2 | 4 | 3 | 3 | 2 | 3 | + | 3 | 1 |
| Dryopteris austriaca | 1 | + | + | 1 | 3 | 2 | + | 1 | 1 | 1 | + | 2 | + | + | + |
| Oxalis acetosella | 1 | + | + | 1 | 3 | 4 | 4 | 2 | 1 | 1 | + | 4 | 3 | + | 1 |
| Galium palustre | + | + | + | + | 1 | + | 1 | + | + | 1 | | + | + | | + |
| Lysimachia vulgaris | + | + | + | + | + | 1 | 2 | 1 | + | | | + | + | + | |
| Deschampsia caespitosa | | | | | 1 | 4 | 3 | 4 | + | 4 | 1 | 3 | 4 | 1 | 4 |
| Rubus fruticosus coll. | | | | + | | + | + | 1 | + | + | | + | | + | 1 |
| Peucedanum palustre | + | | + | | + | + | | | + | | | | | | |
| Carex acutiformis | 5 | 4 | 5 | 5 | | | + | | 4 | | 3 | + | | 4 | |
| Agrostis alba | | | + | | | + | + | 1 | + | + | | + | 1 | + | |
| Lythrum salicaria | | + | 1 | | + | + | + | | | + | | + | + | | |
| Juncus effusus | | | | + | | + | + | + | | + | | + | + | + | + |
| Lonicera periclymenum | | + | 2 | | 1 | | + | | 2 | | | + | 1 | 2 | |
| Cirsium palustre | | + | + | + | + | | | | | + | | + | | + | |
| Viola palustris | | | | + | 1 | 1 | 2 | + | | 1 | | | | | |
| Luzula pilosa | | | | | + | + | + | + | + | | | | + | | |
| Filipendula ulmaria | | + | | + | | + | | | + | | | | | | + |
| Equisetum arvense | | | + | + | | | | + | | + | + | | | | |
| Scirpus silvaticus | | | | | | | + | | + | + | | | + | | |
| Majanthemum bifolium | | | | | | 1 | | | + | | + | + | | | |
| Carex paniculata | | | + | | + | | | + | | | | | | | |
| Molinea coerulea | | | | | | | + | | | | | + | + | | |
| Ranunculus repens | | | | | | 1 | | | | | | | | + | + |
| Holcus mollis | | | | | | | | 1 | + | | | | | | + |
| Galeopsis tetrahit | | | | | | | | | | | + | + | | | + |
| Urtica dioica | | | | | | | | | | | 1 | | | + | 1 |
| Mentha aquatica | | | | | | + | | | | 1 | | | | | |
| Cirsium oleraceum | | | | | | + | | | | | + | | | | |
| Galium aparine | | | | | | | | | | | + | | | | 3 |
| Mnium affine spec. | + | | + | + | 3 | 2 | + | + | + | + | | 1 | + | + | + |
| Mnium hornum | 1 | | | + | 2 | 1 | + | + | + | + | | + | 1 | + | + |
| Lophocolea bidentata | + | + | + | + | 1 | + | + | + | + | 2 | + | + | + | | |
| Brachythecium spec. | + | 1 | 1 | + | | | + | + | | | | | + | + | + |
| Polytrichum attenuatum | | | | + | + | 1 | | + | | + | | + | + | | |
| Sphagnum div. spec. | | | 1 | | 1 | + | | | | + | | | + | | |

ferner:

Leucobryum glaucum + (1); Trichocolea tomentella 1 (3); Solanum dulcamara + (4); Populus tremula + (5); Poa trivialis + (5); Valeriana officinalis + (7); Caltha palustris 1 (10); Rubus saxatilis + (13); Ajuga reptans + (13); Brachypodium silvaticum + (13); Phragmites communis 1 (14); Stellaria nemorum 2 (15); Crepis paludosa 1 (15); Paris quadrifolia + (15); Geum urbanum + (15) M.

Gesellschaftshaushalt

Der Quellmoor-Erlen-Eschenwald findet sich innerhalb der Quellmoore lediglich in der näheren Umgebung des Quellaustritts. Die Böden stehen somit unter dem direkten Einfluß von Quellwässern (*Carex remota*!) und setzen sich überwiegend aus schwachen bis mittleren Feintorfdecken über sandig-tonigem Untergrund zusammen (s. Bodenprofil Nr. 1 u. 2).
Nach Farbe, Struktur und Analysenwerten (s. Tab. 8) ist der organische Oberboden als Feintorf anzusprechen. Mit der Profiltiefe nimmt die Torfgüte nur in der Thelypteris-Ausbildungsform noch merklich zu.
Der Kalkgehalt der Quellwässer schwankt meist zwischen 100—150 mg CaO/l.

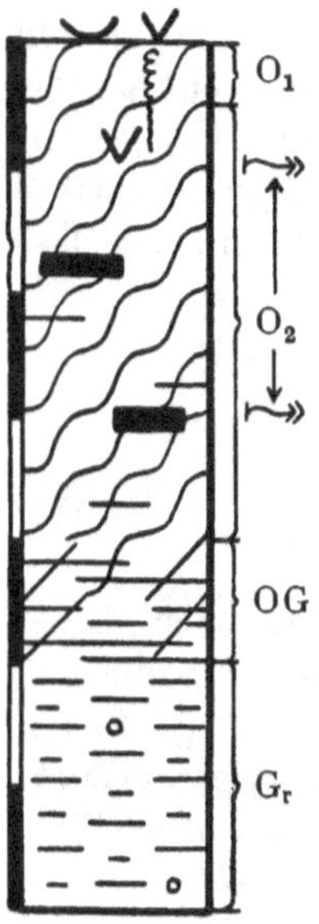


Bodenprofil Nr. 1
Lage: quellnahe Zone im Quellmoor (Abt. 46)
Vegetation: gutwüchsiger Erlen-Mischbestand der Thelypteris-Variante (Ges.-Tab. I, 2)
Geologisches Substrat: Gehängetorf über Talgeschiebesand
Bodentyp: eutrophes Erlenbruchwald-Niedermoor
Standortsbeurteilung: wuchskräftiger mäßig nasser Quellmoorstandort mit mildem Feintorf und kalkreichem Quellwasser (180 mg CaO/l). Der Grundwasserspiegel schwankt jahreszeitlich nur in geringem Maße.

Bodenprofil Nr. 2
Lage: quelliger Grabenrand (Abt. 35 a[4])
Vegetation: Erlen-Mischbestand mit Buche und Hainbuche der Galeobdolon-Variante
Geologisches Substrat: Gehängetorf über Talgeschiebesand
Bodentyp: anmooriger mesotropher Grauglei
Standortsbeurteilung: wuchskräftiger anmooriger Naßboden mit kalkreichem quelligem Grundwasser, das nur geringen jahreszeitlichen Schwankungen unterliegt.

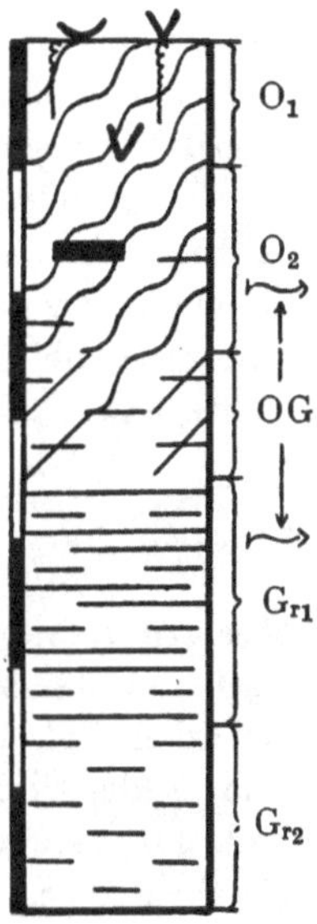


*Tabelle 8. Zusammenstellung einiger Analysenwerte von Torfproben aus dem Quellmoor-Erlen-Eschenwald*

| Nr. | Probe aus 5—10 cm Tiefe | | | Nr. | Probe aus 20—30 cm Tiefe | | | Soz. Ausbildungsform |
|---|---|---|---|---|---|---|---|---|
| | $pH_{KCl}$ | $pH_{H_2O}$ | Aschen-% | | $pH_{KCl}$ | $pH_{H_2O}$ | Aschen-% | |
| 15. | 4,2 | 4,8 | 20,3 | 16. | 4,9 | 5,8 | 21,8 | v. Thelypteris |
| 47. | 4,5 | 4,7 | 14,4 | 48. | 5,5 | 5,6 | 24,0 | |
| 1. | 4,6 | 5,9 | 29,2 | — | | | | v. Galeobdolon |
| 27. | 4,6 | 5,3 | 28,9 | 28. | 4,3 | 5,3 | | |
| 10. | 4,8 | 6,0 | 58,2 | 11. | 4,8 | 5,8 | (75,0) | |
| 42a. | 4,9 | 5,9 | 25,4 | 42b. | 4,7 | 5,3 | 25,0 | |
| 55. | 4,5 | 4,7 | 40,4 | 56. | 5,5 | 5,6 | 43,6 | |
| Mittel: (7) | 4,6 | 5,3 | 31,0 | (6[4]) | 4,9 | 5,6 | [28,6] | |

Gesellschaftsvergleich

Der hiesige Quellmoor-Erlen-Eschenwald muß zum *Circaeo-Alnetum*, einer nordosteuropäischen Ausbildungsform der planären Erlen-Eschenwälder (OBERDORFER 1953), gestellt werden. Hierher gehörige Wälder wurden von WANGERIN (1926), KOBENDZA (1930), HUECK (1931 und 1934), LIBBERT (1933, 1938 und 1940) und neuerdings von MATUSKIEWICZ (1952, 1954) aus dem nordostdeutschen und polnischen Flachland beschrieben. Magdeburgerforth stellt bisher wohl das westlichste Vorkommen dar. — Abgesehen von geographisch-klimatisch bedingten Eigenarten scheint sich das *Circaeo-Alnetum* auch ökologisch vom Erlen-Eschenwald unserer Niederungen (vgl. SCAMONI 1954b, PASSARGE 1956) zu unterscheiden. So treten im *Circaeo-Alnetum* an Stelle bezeichnender Auenwaldpflanzen wie *Rubus caesius*, *Agropyron caninum* und *Rumex sanguineus*, Arten, die quellige Orte bevorzugen wie *Chrysosplenium alternifolium*, *Carex remota* und vielfach auch *Cardamine amara*. Weiter scheint das Vorkommen anspruchsloser Pflanzen wie Moorbirke, Eberesche, Pulverholz sowie die häufig übergreifenden Bruchwaldarten *Ribes nigrum*, *Calamagrostis canescens*, *Lycopus europaeus*, *Solanum dulcamara* und *Dryopteris thelypteris* durchaus bezeichnend für diese Gesellschaft zu sein. Für das Zurücktreten der Esche sind wahrscheinlich neben den geographisch-klimatischen (vgl. OBERDORFER 1953) auch ökologische Gesichtspunkte mit entscheidend.

### b) Niederungs-Erlen-Eschenwald
(*Pruneto-Fraxinetum*)

Nur selten begegnen wir im Revier Magdeburgerforth dem normalen Erlen-Eschenwald der Niederung. Sein Hauptareal liegt nördlich des Flämings im Baruther Tal. Die ursprünglichen Vorkommen im Gebiet entlang des Geuen-Baches, der Gloine und der Ringelsdorfer Bache sind heute meist Wiesengelände, und nur vereinzelt finden wir in angrenzenden Waldbeständen noch Reste einstiger Verbreitung. Die Aufnahme Nr. 15 (Ges.-Tab. I) veranschaulicht einen solchen, Bestand aus der Abteilung 94. Erle, Esche, Flatterulme und Traubenkirsche, in der trockneren Ausbildungsform auch Stieleiche und Bergahorn, bilden die Baumschicht. In der Bodenflora können wiederum *Carex acutiformis* oder *Deschampsia caespitosa* vorherrschen. Abgesehen von negativen Merkmalen (Fehlen von Birke, Bruchwaldpflanzen sowie der Arten quelliger Orte) zeichnet sich der Niederungs-Erlen-Eschenwald im Gebiet durch anspruchsvollere Arten wie *Galium aparine*, *Glechoma hederacea*, *Geum urbanum*, *Paris quadrifolia*, *Urtica dioica* u. a. aus, die im Auenwald ihre Hauptverbreitung haben.

Ein Vergleich mit den Gegebenheiten im Spreewald (SCAMONI 1954, PASSARGE 1956) zeigt, daß die hiesige Ausbildungsform zur hochwasserfreien Gruppe mit *Sorbus aucuparia*, *Rhamnus frangula*, *Athyrium filix femina*, *Oxalis acetosella* und *Mnium hornum* zu stellen ist und innerhalb dieser einer weniger nassen Ausbildungsform mit *Lamium galeobdolon*, *Stellaria holostea*, *Milium effusum* angehört.

1. Flatterulme und Bergahorn im Erlen-Eschen-Quellmoor der Abt. 46

2. Eine Herde des Buchenfarns *(Dryopteris phegopteris)* im Erlen-Eschen-Quellmoor der Abt. 46

1. Königsfarn *(Osmunda regalis)*
im Quellmoor-Erlenbruch der Abt. 47

2. Moosteppich im Birkenbruch (Abt. 95)
mit *Polytrichum commune* und *Sphagneen*

Der Boden läßt sich im vorliegenden Falle noch zum Anmoor (vgl. LAATSCH 1954) rechnen. Unter einer 30 cm starken Moorerdeschicht folgt 10 cm humoser Ton (Schlick) über Talsand. Erhebliche jahreszeitliche Grundwasserspiegelschwankungen sind bezeichnend für diese Niederungsstandorte (vgl. Bodenprofil Nr. 3).

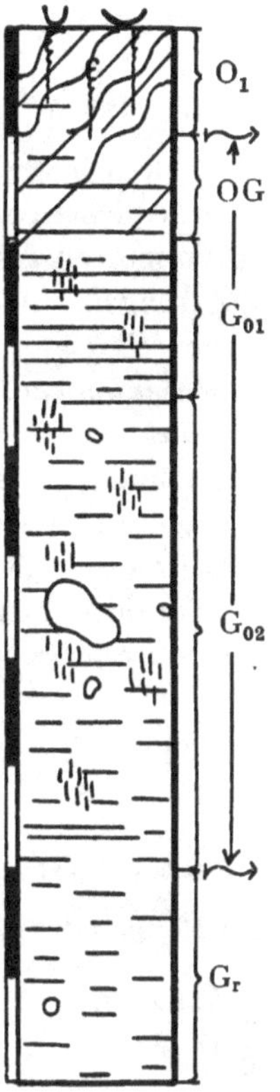


Bodenprofil Nr. 3
Lage: am Rande der Gloine-Niederung (Abt. 97 a[1])
Vegetation: gutwüchsiger Erlen-Mischbestand mit Flatterulme und Traubenkirsche
Geologisches Substart: Grünlandtorf über Talgeschiebesand
Bodentyp: eutrophes Anmoor
Standortsbeurteilung: lehmiger Anmoor-Naßboden mit kalkreichem, bewegtem Grundwasser bei jahreszeitlich stark schwankendem Wasserspiegel (sommerfeucht).

### c) Bach-Eschenwald
(*Cariceto remotae-Fraxinetum*)

Selten sind im Gebiet normal ausgebildete Bestände des bachbegleitenden Erlen-Eschenwaldes. Da die Quellwässer das Gebiet meist in tiefeingeschnittenen Abflußgräben verlassen, beschränkt sich diese Gesellschaft vornehmlich auf fragmentarische Vorkommen unmittelbar am Quellaustritt. Lediglich in der Abteilung 48 durchfließt ein Quellbach eine 3—4 m breite anmoorige Rinne, in der ich (Juni 1954) folgende Aufnahme notierte (50 m²):

| | | |
|---|---|---|
| *Bäume und Sträucher:* | | |
| Alnus glutinosa | B | 3 |
| Fraxinus excelsior | B | 2 |
| Fraxinus excelsior | S | 1 |
| Acer pseudoplatanus | B | 1 |
| Acer pseudoplatanus | S | + |
| Viburnum opulus | S | + |
| *Bodenflora:* | | |
| *Kenn- und Trennarten der Gesellschaft:* | | |
| Carex remota | | 3 |
| Cardamine amara | | + |
| Ranunculus repens | | + |
| *Kennarten höherer Ordnung:* | | |
| Impatiens noli tangere | | 4 |
| Circaea lutetiana | | 1 |
| Rubus caesius | | + |
| Stachys silvatica | | + |
| Festuca gigantea | | 1 |
| Glechoma hederacea | | 1 |
| Milium effusum | | + |
| Poa nemoralis | | + |
| Lamium galeobdolon | | + |
| *Bruchwaldarten:* | | |
| Solanum dulcamara | | 1 |
| Lycopus europaeus | | + |
| Carex elongata | | + |
| *Übrige Arten:* | | |
| Galium palustre | | 1 |
| Lysimachia vulgaris | | + |
| Mentha aquatica | | + |
| Deschampsia caespitosa | | + |
| Athyrium filix-femina | | + |
| Filipendula ulmaria | | + |
| Valeriana dioica | | + |
| Lythrum salicaria | | + |
| Oxalis acetosella | | + |
| Dryopteris austriaca | | + |
| Caltha palustris | | + |
| Mnium hornum | | + |

Kennzeichnend für den hiesigen Bach-Eschenwald ist ein starkes Auftreten von *Carex remota*, der sich als Trennarten noch *Cardamine amara* und *Ranunculus repens* hinzugesellen.

## *2. Bruchwälder*

Von der Gesellschaftsgruppe der Bruchwälder sind im Revier der Erlenbruchwald in einer normalen Ausbildungsform sowie in der besonderen des Quellmoor-Erlenbruchs und das Birkenbruch vertreten.

### a) Typischer Erlenbruchwald

(*Cariceto-elongatae-Alnetum*, typische Subassoziation)

Nur selten begegnet man hier in abgeschlossenen Senken außerhalb des Quellmoorbereiches dem Typus des Erlenbruchs. Die Erle ist die herrschende Holzart, nur vereinzelt gesellt sich *Betula pubescens* hinzu. Im Unterwuchs treten *Rhamnus frangula* und *Salix cinerea* auf. Die Bodenflora wird meist von der Sumpfsegge (*Carex acutiformis*) beherrscht, zu deren Begleitern *Iris pseudacorus, Peucedanum palustre, Galium palustre, Lysimachia vulgaris, Dryopteris thelypteris, Carex elongata, Solanum dulcamara* und *Calamagrostis canescens* zählen. Arten wie *Athyrium filix-femina, Deschampsia caespitosa, Rubus idaeus,* deuten darauf hin, daß in diesen Brüchern das Grundwasser nicht bis an die Oberfläche herantritt. Die Aufnahme Nr. 1 (Ges.-Tab. II) gibt ein Beispiel für diesen reinen Erlenbruchwald (Abteilung 60). Seine standörtlichen Bedingungen werden durch das Bodenprofil Nr. 4 erläutert.

### b) Quellmoor-Erlenbruchwald

(Subassoziation von *Sphagnum palustre*)

Gesellschaftsaufbau und Untereinheiten

Im Bereich der Quellmoore treffen wir nur den torfmoosreichen Erlenbruchwald. Hier bilden Erle und Moorbirke häufig zu gleichen Teilen die Baumschicht. Als natürliche Mischhölzer, vornehmlich der weniger nassen Ausbildungsform, sind ferner Buche, Bergahorn, Kiefer und Eberesche zu nennen. In der Strauchschicht gesellt sich diesen noch *Rhamnus frangula* hinzu.

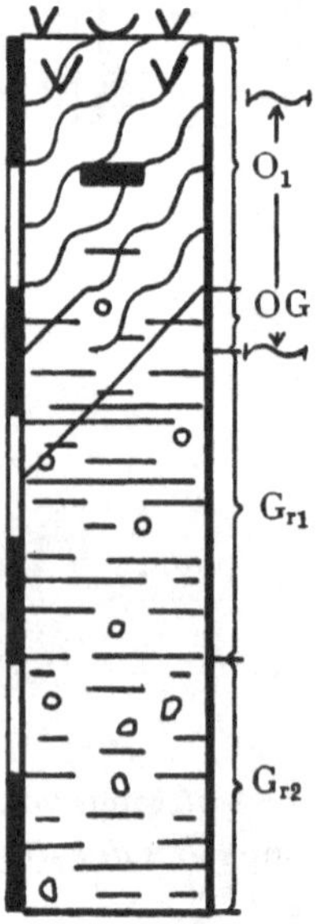


In der Bodenflora bestimmen meist *Carex acutiformis* und *Dryopteris thelypteris* das Bild, gelegentlich kann jedoch auch *Calamagrostis canescens* dominieren (Aufn. 10 Ges.-Tab. II).

Bodenprofil Nr. 4

Lage: abgeschlossene Senke im Talsandgebiet (Abt. $60\,a^1$)

Vegetation: Erlenbestand mittlerer Wüchsigkeit ohne *Sphagnum* (Ges.- Tab. II, 1)

Geologisches Substrat: Niedermoortorf über Talgeschiebesand

Bodentyp: anmooriger nasser Grauglei, mesotroph

Standortsbeurteilung: mäßig wuchskräftiger organisch-mineralischer Naßboden mit geringer Wasserspiegelschwankung und mittlerem Kalkgehalt in nahezu stagnierendem Grundwasser.

*Gesellschafts-Tabelle II: Erlenbruchwald (Cariceto elongatae-Alnetum)*

| Aufnahme-Nr.: | | 1 | 2 | 3 | 4 | 5 | 6 | 7 | 8 | 9 | 10 |
|---|---|---|---|---|---|---|---|---|---|---|---|
| Artenzahl: | | 21 | 24 | 28 | 27 | 29 | 30 | 35 | 32 | 26 | 26 |
| *Bäume und Sträucher:* | | | | | | | | | | | |
| Alnus glutinosa | B | 4 | 3 | 4 | 3 | 3 | 2 | 3 | 2 | 2 | 2 |
| Alnus glutinosa | S | 2 | 1 | 1 | | + | + | + | + | + | |
| Betula pubescens | B | | 2 | 3 | 3 | 2 | 3 | 3 | 3 | 4 | 3 |
| Betula pubescens | S | + | + | + | | + | + | + | + | + | + |
| Fagus silvatica | B | | + | | + | + | + | + | + | + | 1 |
| Fagus silvatica | S | | | | | + | + | + | | | |
| Acer pseudoplatanus | B | | | | | | | + | + | + | |
| Acer pseudoplatanus | S | | | | + | | | + | | + | |
| $d_2$ Pinus silvestris | B+S | | | | + | 1 | + | + | + | 1 | 2 |
| Sorbus aucuparia | B+S | | | + | | + | + | | + | + | |
| Picea excelsa | B+S | | | | + | | + | 1 | | | |
| Rhamnus frangula | | 1 | | + | 2 | 1 | + | + | + | + | + |
| Salix cinerea | | + | + | | | | | | | | |
| *Bodenflora:* | | | | | | | | | | | |
| Kennarten und Trennarten der Gesellschaft: | | | | | | | | | | | |
| Dryopteris thelypteris | | 1 | 1 | 3 | 1 | | + | 3 | 3 | 1 | 2 |
| Calamagrostis canescens | | + | | | 1 | + | + | + | + | 1 | 4 |
| Solanum dulcamara | | + | | 1 | | | | | | | |
| Carex elongata | | 1 | | 1 | | | | | | | |
| Trennarten der Untereinheiten | | | | | | | | | | | |
| D: Sphagnum palustre | | | 1 | 1 | 3 | 3 | 4 | 2 | 3 | 3 | 3 |
| Vaccinium myrtillus | | | + | + | 2 | 1 | 1 | + | 1 | 1 | + |
| Leucobryum glaucum | | | 3 | | 1 | + | 3 | 1 | 3 | + | + |
| Sphagnum acutiformis spec. | | | 2 | 2 | 3 | | 1 | 1 | 3 | | 2 |
| Agrostis alba et canina | | | | + | | + | + | + | + | 1 | + |
| Thuidium tamariscinum | | | + | | | + | + | + | + | | + |
| $d_1$: Iris pseudacorus | | 2 | + | 2 | | | | | | | |
| Calla palustris | | | 3 | 3 | | | | | | | |
| Lysimachia thyrsiflora | | | + | | | | | | | | |
| $d_2$: Oxalis acetosella | | | | | 2 | 1 | 1 | 1 | + | 2 | 1 |
| Molinia coerulea | | | | | 2 | + | 1 | + | + | + | + |
| Polytrichum attenuatum | | | | | + | + | + | + | + | + | + |
| Luzula pilosa | | | | | | | + | + | | + | |
| $\Delta$: Rubus fruticosus coll. | | | | + | 1 | 1 | + | 1 | + | 1 | + |
| Mnium hornum | | + | + | 2 | + | + | + | + | | | + |
| Lonicera periclymenum | | | | | 2 | + | 3 | 2 | 2 | | 2 |
| Osmunda regalis | | | | | | | + | | 1 | | |
| Trichocolea tomentella | | | | | | | | + | | | |
| $\Delta'$: Circaea alpina | | | | | | + | + | + | | + | |
| Rubus saxatilis | | | | | | | + | + | | | |
| Übrige Arten: | | | | | | | | | | | |
| Lysimachia vulgaris | | + | + | + | 1 | 2 | 2 | 2 | 1 | 1 | 2 |
| Dryopteris austriaca | | + | + | + | + | 3 | + | + | 1 | 2 | + |
| Peucedanum palustre | | + | | + | + | + | + | + | + | + | + |

*Gesellschafts-Tabelle II: Erlenbruchwald (Cariceto elongatae-Alnetum) Fortsetzung*

| Aufnahme-Nr.: | 1 | 2 | 3 | 4 | 5 | 6 | 7 | 8 | 9 | 10 |
|---|---|---|---|---|---|---|---|---|---|---|
| Artenzahl: | 21 | 24 | 28 | 27 | 29 | 30 | 35 | 32 | 26 | 26 |
| Carex acutiformis | 3 | 5 | 3 | 3 | 3 | 5 | 4 | 4 | 5 | |
| Rubus idaeus | + | | + | 2 | + | + | 1 | | | |
| Athyrium filix-femina | + | | | 1 | | | + | + | | |
| Galium palustre | + | + | + | | | | + | | | |
| Impatiens noli-tangere | | | | | + | | | + | + | |
| Juncus effusus | + | | + | | + | | | + | | |
| Lythrum salicaria | + | + | | + | | | | + | | + |
| Cirsium palustre | + | + | | + | | | | | | |
| Equisetum arvense | | + | + | | | | | | | |
| Brachythecium spec. | | | 1 | | + | | + | + | | |
| Lophocolea bidentata | | | + | | + | | | | + | + |
| Mnium affine spec. | | | | | + | | + | | + | |

ferner: Deschampsia caespitosa + (1); Salix aurita + (2); Rhamnus cathartica + (2); Thypha latifolia + (2); Polulus tremula + (3); Carex paniculata + (3); Carex pseudocyperus + (3); Mnium undulatum + (7); Majanthemum bifolium + (8); Carex fusca + (8); Aulacomnium palustre + (10); Polytrichum commune + (10).

Wichtige Begleiter sind *Lysimachia vulgaris, Dryopteris austriaca, Peucedanum palustre, Rubus fruticosus, Rubus idaeus* und *Mnium hornum.* Gegenüber den bekannten Ausbildungsformen des Erlenbruchs ist das Auftreten von lockeren *Sphagnum*-Rasen mit *Leucobryum glaucum, Thuidium tamariscinum* sowie *Agrostis stolonifera* und *Vaccinium myrtillus* neu. Zu erwähnen ist, daß es sich hierbei nicht um Bultbildungen handelt, bei denen man die Vegetation von Bult und Schlenke getrennt behandeln müßte, sondern alle genannten Arten wachsen wie die Gehölze auf annähernd ebener Fläche.

Zwei Untereinheiten lassen sich abgrenzen. Von ihnen besiedelt die *Calla-Variante* mit *Calla palustris, Iris pseudacorus* und *Lysimachia thyrsiflora* die tiefgelegenen, sumpfigen Bruchböden. Die Molinia-Variante mit *Oxalis acetosella, Lonicera periclymenum, Molinia coerulea, Polytrichum attenuatum* und *Luzula pilosa* als Trennarten beschränkt sich auf die weniger nassen Böden. In diese zum Birkenbruch überleitende Ausbildungsform dringt vereinzelt auch die Kiefer ein. Besonders bezeichnend ist ferner das Vorkommen von *Osmunda regalis* (s. Taf. IV, 1).

Die Beispiele der Ges.-Tab. II stammen aus den Abteilungen 27, 35, 44, 46, 47, 48, 49 und 81.

## Gesellschaftshaushalt

Der Quellmoor-Erlenbruchwald besiedelt im Gebiet Torfböden oder stärkere Torfdecken (über 50 cm) mittlerer Güte. Die Profile zeigen in den oberen Horizonten meist Übergänge zwischen Faser- und Feintorf (s. Tab. 9), in den tieferen Schichten jedoch Feintorf (s. Bodenprofil Nr. 5).

*Tabelle 9. Zusammenstellung einiger Analysenwerte von Torfproben aus Quellmoor-Erlenbrüchern*

Probe aus 5—10 cm Tiefe

| | Nr. | $pH_{KCl}$ | $pH_{H_2O}$ | Aschen-% |
|---|---|---|---|---|
| | 25 | 3,8 | 4,6 | 15,7 |
| | 13 | 3,8 | 4,8 | 20,6 |
| | 94 | 4,1 | 5,0 | 15,6 |
| | 81 | 4,2 | 4,9 | 15,6 |
| | 112 | 4,3 | 4,8 | 18,7 |
| im Mittel: | (5) | 4,0 | 4,8 | 17,2 |

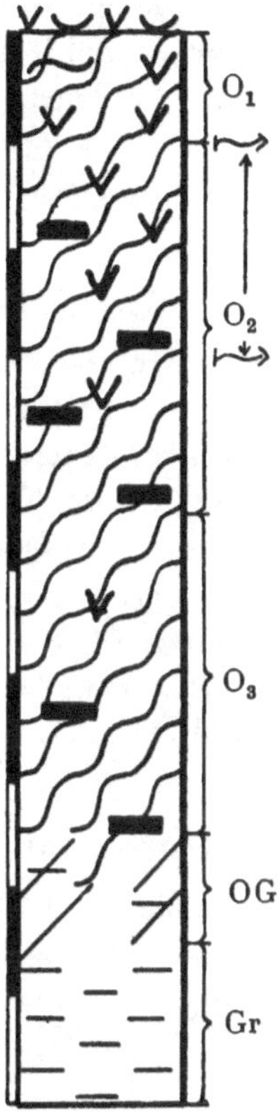


Bodenprofil Nr. 5

Lage: Mittellage im Quellmoor (Abt. 20a[1])

Vegetation: mäßig wüchsiger Erlen-Birkenbestand mit Kiefer und reichlich *Sphagnum* (Molinia-Variante)

Geologisches Substrat: Gehängetorf über Talgeschiebesand

Bodentyp: oligotrophes Erlenbruchwald-Niedermoor

Standortsbeurteilung: mäßig wuchskräftiger, mäßig nasser Quellmoorstandort mit faserreichem Feintorf und kalkarmem (40 mg CaO/l), schwach bewegtem (Quelleinfluß!) Grundwasser bei geringer Wasserspiegelschwankung.

Der Torfboden wird vom Quellwasser bis oben hin durchnäßt, doch tritt der Wasserspiegel nie sichtbar an die Bodenoberfläche.

## Gesellschaftsvergleich

Beim Vergleich mit Erlenbruchwäldern des ostelbischen Flachlandes, wie sie von HUECK (1931), STEFFEN (1931), SCAMONI (1935 und 1954b), PREISING (1943) und von mir (1956) beschrieben wurden, zeichnen sich die hiesigen Quellmoor-Erlenbrücher nicht nur durch ihre ökologische Eigenart, sondern auch in geographisch-klimatischer Hinsicht durch einige atlantisch-subatlantische Arten aus. Zu diesen geographischen Trennarten gehören neben *Mnium hornum* und *Rubus fruticosus* (*suberectus*) vor allem *Lonicera periclymenum*, *Osmunda regalis* und *Trichocolea tomentella*.

Ähnliche Ausbildungen treffen wir erst wieder in Westdeutschland. So kommt im Benthalm-Erlenbruch, das BUCHWALD (1951b) aus dem Drömling beschreibt, neben *Lonicera periclymenum* und *Sphagnum palustre* auch *Osmunda regalis* vor. Aus Südwestdeutschland erwähnt OBERDORFER (1936) ein *Alnetum atlanticum* mit *Osmunda regalis*, *Lonicera periclymenum* und *Trichocolea tomentella*. Nach BRAUN-BLANQUET und TÜXEN (1951) ist *Osmunda regalis* in ganz Westeuropa eine bezeichnende Bruchwaldart, und torfmoosreiche Erlenbrücher scheinen im westlichen Gebiet recht verbreitet zu sein (vgl. LEMEE 1931, 1937 bzw. SCHWICKERATH 1944). Neben dem subatlantischen Einschlag bringen jedoch auch einige boreale Elemente wie *Circaea alpina, Calla palustris* und *Rubus saxatilis* eine gewisse nordöstliche Tönung im Florengepräge unseres Quellmoor-Erlenbruchs zum Ausdruck.

### c) Birkenbruchwald

(*Betuletum pubescentis*)

#### Gesellschaftsaufbau

Die hiesigen Vorkommen des Birkenbruchs beschränken sich ebenfalls weitgehend auf den Bereich der Quellmoore. Moorbirke und Kiefer sind die Bestandsbildner, denen sich Buche, Erle und Eberesche im Unterwuchs, ferner *Rhamnus frangula* von Natur aus beigesellen.

In der Bodenflora ist *Molinia coerulea* stets vorherrschend, *Vaccinium myrtillus, Dryopteris austriaca, Oxalis acetosella* und *Rubus fruticosus* sind konstante Begleiter. Physiognomisch bezeichnend ist weiter eine nahezu geschlossene Torfmoosschicht (s. Taf. IV, 2). Durch *Sphagnum acutifolium, Polytrichum commune* und *Bazzania trilobata* wird das hiesige Birkenbruch gekennzeichnet.

#### Untereinheiten und Gesellschaftsvergleich

Die hiesigen Birkenbruchwälder sind nur wenig differenziert, doch lassen sich eine „Ledumreiche Ausbildungsform" sowie eine solche mit *Lonicera periclymenum* unterscheiden. Diese beiden Untereinheiten entsprechen weitgehend den von TÜXEN (1937) aufgestellten geographischen Subassoziationen. Ein Vergleich mit Birkenbruchaufnahmen anderer Autoren ergibt jedoch, daß einige der von TÜXEN angegebenen Differenzialarten (*Scleropodium purum, Pinus silvestris, Sphagnum cymbifolium*) keine überregionale Bedeutung haben. Was übrigbleibt, sind wenige subatlantische Pflanzen in der einen und boreal-kontinentale Arten in der anderen Untereinheit. Ich möchte diese rein geographischen Unterschiede nicht als Subassoziationen, sondern als Rassen ansprechen. — Innerhalb der Birkenbrücher gibt es jedoch auch edaphisch bedingte Unterschiede, die es ermöglichen, eine astmoosreiche Untergesellschaft (*hypnetosum*) von einer nassen Subassoziation (*alnetosum*) zu unterscheiden (s. Ges.-Tab. III a). Zu dieser letzteren würden die meisten hiesigen Aufnahmen zählen, desgleichen auch Teile des Königsfarn- und Bleichmoos-Birkenbruchs von BUCHWALD (1951 b).

Die ostdeutschen von LIBBERT (1933), HUECK (1934) und PREISING (1943) beschriebenen Birkenbrücher stellen wohl eine eigene vikariierende Assoziation dar. Sie zeichnen sich durch verstärkt auftretende Zwergsträucher und Moorpflanzen (*Vaccinium vitis-idaea, Andromeda polifolia, Lycopodium annotinum, Eriophorum vaginatum, Polytrichum strictum*) u. a. aus.

Floristisch bemerkenswert bleibt für die hiesigen Moorbirkenwälder das Zusammentreffen von atlantisch-subatlantischen Arten (*Lonicera periclymenum, Osmunda regalis, Erica tetralix*) mit boreal-kontinentalen Pflanzen (*Ledum palustre, Pinus silvestris, Circaea alpina*).

*Gesellschafts-Tabelle III. Birkenbruch (Betuletum pubescentis)*

| Aufnahme-Nr.: | | 1 | 2 | 3 | 4 | 5 | 6 | 7 | 8 | 9 | 10 | 11 | 12 | 13 |
|---|---|---|---|---|---|---|---|---|---|---|---|---|---|---|
| Artenzahl: | | 22 | 24 | 23 | 22 | 23 | 21 | 22 | 23 | 24 | 18 | 20 | 17 | 20 |
| *Bäume und Sträucher:* | | | | | | | | | | | | | | |
| [Pinus silvestris] | B | 4 | 4 | 4 | 1 | 2 | 2 | 3 | 2 | 3 | 3 | 3 | 5 | 4 |
| Pinus silvestris | S | | | | | + | | | | + | + | + | + | + |
| Betula pubescens | B | 2 | 2 | 1 | 4 | 4 | 4 | 3 | 3 | 3 | 3 | 3 | 2 | 2 |
| Betula pubescens | S | | + | | + | + | + | + | 1 | + | + | 1 | 1 | + |
| Fagus silvatica | B | + | | + | + | 2 | | + | | + | + | + | + | 2 |
| Fagus silvatica | S | + | + | + | + | | | | | + | + | | + | |
| D: Alnus glutinosa | B + S | 1 | 1 | 1 | 1 | | 1 | + | 1 | + | 1 | 1 | + | |
| Sorbus aucuparia | B + S | + | + | | + | + | | + | | + | + | 1 | + | 1 |
| [Picea excelsa] | B + S | | 1 | 2 | | | 2 | 3 | 1 | | | | | |
| Quercus robur | B + S | | | | + | | | | | | | | + | + |
| Rhamnus frangula | | 3 | 3 | + | 2 | + | 1 | 1 | + | + | 1 | 1 | 1 | + |
| *Bodenflora:* | | | | | | | | | | | | | | |
| Kenn- und Trennarten der Gesellschaft: | | | | | | | | | | | | | | |
| Sphagnum acutifolium | | 2 | 2 | 2 | 2 | 4 | 2 | 3 | 2 | 3 | 3 | 3 | 1 | + |
| Polytrichum commune | | | | + | | | | 2 | | 1 | + | 1 | | + |
| Bazzania trilobata | | | | + | | | + | | | + | | | | |
| Lycopodium annotinum | | | | | | | | | | | | | | + |
| Trennarten der Untereinheiten | | | | | | | | | | | | | | |
| $D_1$: Lysimachia vulgaris | | + | + | + | + | + | 1 | 1 | + | 1 | 1 | + | | |
| Agrostis alba et can. | | + | | + | | + | | + | + | + | + | + | | |
| Rubus idaeus | | + | + | + | + | | | + | + | | | + | | |
| Peucedanum palustre | | + | | | + | + | + | + | | | | | | |
| Calamagrostis canescens | | | + | + | | | + | | | | | | | |
| Osmunda regalis | | | | | | + | + | | | + | | | | |
| Athyrium filix femina | | | | | | | + | | | + | | | | |
| $D_2$: Entodon schreberi | | | | | | | | | | | | | | 2 |
| Hypnum cupressiforme | | | | | | | | | | | | | | + |
| Dicranum undulatum | | | | | | | | | | | | | | + |
| $\Delta_1$: Mnium hornum | | + | + | + | + | + | + | + | + | | | | | |
| Lonicera periclymenum | | 2 | + | | 2 | 2 | 2 | + | | | | | | |
| $\Delta_2$: Ledum palustre | | | | | | | + | + | 1 | 1 | 1 | 2 | 2 | |
| Majanthemum bifolium | | | | | | | | | + | | | | + | |
| Übrige Arten: | | | | | | | | | | | | | | |
| Molinia coerulea | | 5 | 5 | 4 | 5 | 5 | 5 | 5 | 4 | 5 | 5 | 4 | 5 | 4 |
| Vaccinium myrtillus | | 1 | + | + | 1 | 1 | 2 | 3 | 2 | 2 | 2 | 2 | 3 | 3 |
| Dryopteris austriaca | | 2 | 3 | 3 | 2 | + | + | + | 1 | 1 | 2 | 3 | 2 | |
| Oxalis acetosella | | 2 | 1 | 3 | + | + | | | + | 1 | 3 | + | 2 | 1 |
| Rubus fruticosus coll. | | 1 | + | + | 1 | + | + | + | + | | + | + | + | |
| Luzula pilosa | | + | | | | + | | | + | | | + | | + |
| Circaea alpina | | + | + | + | | | | | | | | | | |
| Pteridium aquilinum | | | | | | 2 | | | | | | | | 3 |
| Sphagnum palustre | | 5 | 4 | 4 | 4 | 2 | 5 | 4 | 3 | 5 | 5 | 3 | 4 | 2 |
| Leucobryum glaucum | | 1 | + | 1 | 1 | 2 | 2 | 2 | + | 2 | 1 | 1 | 2 | 1 |
| Polytrichum attenuatum | | | + | + | + | + | | | | + | | | | 1 |
| Lophocolea bidentata | | | 1 | | | | | | + | | | | | |

Ferner: Moehringia trinervia + (2); Populus tremula S + (4); Deschampsia caespitosa + (5); Aulacomnium androgynum + (8); Epilobium angustifolium + (8); Erica tetralix + (9); Carex fusca + (9); Juncus effusus + (10);

*Gesellschafts-Tabelle IIIa. Birkenbruch*
*(Gesellschaftsvergleich)*

| | a | b | c | d | e | f | g | h |
|---|---|---|---|---|---|---|---|---|
| Betula pubescens | V | V | V | 4 | V | V | 3 | 3 |
| Vaccinium uliginosum | II | V | II | 1 | | | 4 | 1 |
| Polytrichum commune | IV | | | 2 | II | IV | | 3 |
| Molinia coerulea | V | V | V | 4 | V | V | 4 | 4 |
| Vaccinium myrtillus | IV | V | II | 3 | V | V | 4 | 3 |
| Dryopteris austriaca | II | V | IV | 2 | V | V | 4 | 3 |
| Rhamnus frangula | V | V | V | 3 | V | V | 4 | |
| Leucobryum glaucum | II | V | V | | V | V | 2 | 3 |
| Rubus frut. spec. | II | III | I | 1 | V | IV | 4 | |
| Pinus silvestris | | III | V | | V | V | 4 | 4 |
| Sphagnum cymbifolium | | I | III | 3 | V | V | 1 | 2 |
| Trientalis europaea | III | V | | 3 | | | 4 | |
| Mnium hornum | IV | | II | 2 | V | I | | |
| Lonicera periclymenum | I | I | | 3 | V | | | |
| Ledum palustre | | | | | II | V | 4 | 4 |
| Majanthemum bifolium | | | | | | II | | |
| Hylocomium schreberi | IV | V | IV | | | | 4 | 3 |
| Dicranum scoparium | V | IV | IV | | | | | 3 |
| Hylocomium splendens | II | IV | II | | | | 3 | 3 |
| Betula pendula | I | III | IV | | | | | 1 |
| Scleropodium purum | IV | | IV | | | | | 3 |
| Hypnum cupressiforme | IV | | IV | | | | | |
| Dicranum undulatum | | III | I | | | | 2 | |
| Alnus glutinosa | | | | 2 | V | V | | |
| Agrostis canina | | | | 2 | III | IV | | |
| Athyrium filix-femina | | | | 2 | I | I | | |
| Calamagrostis canescens | | | | 2 | III | | | |
| Lysimachia vulgaris | | | | | V | IV | | |
| Osmunda regalis | | | | | II | I | | |
| Peucedanum palustre | | | | | IV | | | |

a) 8 Aufnahmen von Tüxen (1937) aus Nordwestdeutschland;
b) 7 Aufnahmen von Buchwald (1951b) aus dem Drömling;
c) 6 Aufnahmen von Buchwald (1951a) bei Bremen;
d) 4 Aufnahmen von Schwickerath (1944) (Nr. 3, 10, 12, 13) vom Hohen Venn;
e) 7 Aufnahmen aus Magdeburgerforth;
f) 5 Aufnahmen aus Magdeburgerforth;
g) 4 Aufnahmen von Buchwald (1951b) aus dem Drömling;
g) 4 Aufnahmen von Tüxen (1937) aus Nordwestdeutschland.

### Gesellschaftshaushalt

Das Birkenbruch besiedelt im Gebiet vornehmlich geringwertige Quellmoortorfe in quellferner Lage, die meist mehr als 1 m starke Decken über dem Talsanduntergrund bilden.

Die Torfgüte im Birkenbruch liegt merklich unter der des Erlenbruches; der Sphagnumtorf ist stark sauer und arm an mineralischen Bestandteilen (s. Tab. 10).

*Tabelle 10. Zusammenstellung einiger Analysenwerte von Torfproben aus Birkenbrüchen*

| Nr. | Probe aus 5—10 cm Tiefe | | | Nr. | Probe aus 25—30 cm Tiefe | | |
|---|---|---|---|---|---|---|---|
| | $pH_{KCl}$ | $pH_{H_2O}$ | Aschen-% | | $pH_{KCl}$ | $pH_{H_2O}$ | Aschen-% |
| 41 a | 2,7 | 3,7 | 15,4 | 41 b | 3,0 | 3,7 | 18,4 |
| 51 | 4,3 | 4,2 | 14,7 | 52 | 4,2 | 4,7 | 18,7 |
| 71 | 3,7 | 3,6 | 6,2 | | | | |
| 23 | 3,3 | 4,4 | 9,8 | 24 | 3,7 | 4,7 | 13,7 |
| 109 | 3,6 | 4,2 | 6,5 | 103 | 4,0 | 4,6 | 15,6 |
| im Mittel: (5) | 3,5 | 4,0 | 10,5 | (4) | 3,7 | 4,4 | 16,6 |

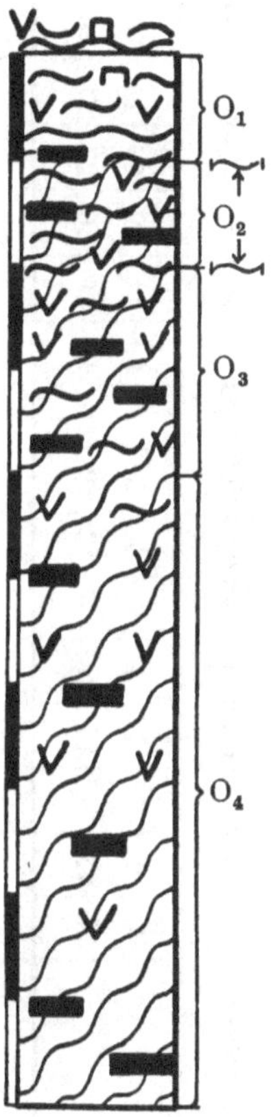


Nach der Tiefe hin nimmt die Torfgüte im hiesigen Quellmoor-Birkenbruch zu (s. Bodenprofil Nr. 6).

Bodenprofil Nr. 6

Lage: quellferne, rückwärtige Zone im Quellmoor (Abt. 81 a[1])

Vegetation: mäßig wüchsiger Kiefern-Birkenbestand mit Ledum (Ges.-Tab. III, 9)

Geologisches Substrat: Gehängetorf (über Talgeschiebesand ab 110 cm Tiefe).

Bodentyp: nasses Birkenbruchwald-Niedermoor

Standortsbeurteilung: leistungsschwacher, mäßig nasser Quellmoorstandort mit saurem Fasertorf und nahezu stagnierendem Grundwasser mittlerer Güte (100 mg CaO/l). Die Schwankungen des Grundwasserspiegels sind sehr gering.

Vereinzelt kommt der Birken-Bruchwald auch auf anmoorigem Talsand außerhalb des Quellmoorbereiches vor.

Die Aufnahmen der Ges.-Tab. III stammen aus den Abteilungen 35, 44, 46a, 47, 49, 73, 81, 82 und 85.

## 3. Arme Laubmischwälder

(*Quercion roboris — petraeae*)

Arme Laubmischwälder nehmen von Natur aus weite Flächen im Vorfläming wie auf dem Flämingplateau ein. Im Gebiet lassen sich die Gesellschaften des Stieleichen-Birkenwaldes, des Heidelbeer-Buchenwaldes und des Traubeneichen-Birken-(Kiefernwaldes) unterscheiden.

### a) Stieleichen-Birkenwald

(*Querceto roboris — Betuletum molinietosum*)

Gesellschaftsaufbau und Untereinheiten

Auf grundwassernahen armen Böden bilden Stieleiche und Birke lichte Bestände, denen sich Buche, Eberesche und Aspe als Mischhölzer hinzugesellen. Die Kiefer verdankt ihren hohen Anteil in den Aufnahmen (s. Ges.-Tab. IV) der künstlichen

*Gesellschafts-Tabelle IV. Stieleichen-Birkenwald (Querceto roboris — Betuletum molinietosum)*

| Aufnahme-Nr.: | | 1 | 2 | 3 | 4 | 5 | 6 | 7 | 8 | 9 | 10 | 11 | 12 | 13 | 14 | 15 | 16 | 17 | 18 | 19 | 20 | 21 | 22 |
|---|---|---|---|---|---|---|---|---|---|---|---|---|---|---|---|---|---|---|---|---|---|---|---|
| Artenzahl: | | 14 | 18 | 16 | 17 | 18 | 16 | 19 | 19 | 19 | 16 | 15 | 26 | 23 | 23 | 26 | 22 | 21 | 18 | 22 | 22 | 16 | 20 |
| *Bäume und Sträucher:* | | | | | | | | | | | | | | | | | | | | | | | |
| [Pinus silvestris | B] | 3 | 3 | 3 | 4 | 3 | 3 | 3 | 1 | 3 | 3 | 1 | 4 | 4 | 4 | 4 | 4 | 1 | + | 2 | 2 | 2 | 3 |
| Pinus silvestris | S | | | | | | | + | | | | + | | | | | | + | | + | | | |
| D: Betula pubescens | B | 1 | 2 | 1 | 2 | 1 | 2 | 3 | 4 | 3 | 3 | 3 | 1 | 1 | 2 | 2 | 2 | 4 | 3 | 4 | 3 | 3 | 2 |
| Betula pubescens | S | | 1 | 1 | | + | | + | | | + | + | + | | + | | | + | + | + | + | | |
| Quercus robur | B | + | | | | 2 | | 1 | 2 | 3 | + | 3 | 2 | + | + | 1 | | 1 | 3 | 1 | + | 1 | 2 |
| Quercus robur | S | | | | | + | | | | | | | | | + | + | | + | | + | | | |
| Fagus silvatica | B | + | 1 | + | | 2 | 2 | | + | | 1 | 1 | | 2 | | | + | | 2 | + | | 2 | 2 |
| Fagus silvatica | S | + | 1 | | | + | + | | | | | + | | 1 | + | | | | + | + | | | + |
| Sorbus aucuparia | B | | + | | | + | | 1 | | | 2 | | | | | + | | 1 | | + | + | + | |
| Sorbus aucuparia | S | | | 1 | + | | + | | 1 | | + | + | + | + | + | + | | + | + | + | | + | |
| Betula pendula | B | | 2 | 1 | | + | | | | | | | | | | | | | | | | | |
| Betula pendula | S | | | 2 | | | | | | | | | | | | | | | | | | | |
| Populus tremula | B | | | | | | | | | | | | | | | | | | | | + | + | |
| Populus tremula | S | | | | | | | | | | | | | | | | | | | | 1 | + | |
| d: Alnus glutinosa | B | | | | | | | | | | | | + | | + | + | + | 1 | | + | + | 2 | 1 |
| [Picea excelsa] | B+S | 1 | 1 | 1 | | + | | | | + | | | + | + | + | + | 1 | | | | + | 3 | |
| Rhamnus frangula | | + | | 2 | 1 | | 2 | + | 2 | + | + | + | + | 2 | 1 | 3 | 2 | 2 | + | 2 | + | + | 2 |
| *Bodenflora:* | | | | | | | | | | | | | | | | | | | | | | | |
| Kenn- und Trennarten der Gesellschaft: | | | | | | | | | | | | | | | | | | | | | | | |
| Pteridium aquilinum | | 2 | 3 | | 3 | 4 | | 4 | | 4 | 3 | 4 | 5 | 2 | | | 4 | | 3 | | 3 | 2 | 3 |
| Lonicera periclymenum | | | | | | | | + | 2 | 2 | | | 2 | | | | | 3 | | 2 | | | |
| D: Molinia coerulea | | 5 | 4 | 3 | 4 | 3 | 3 | 4 | 3 | 3 | 4 | 4 | 3 | 5 | 5 | 5 | 4 | 5 | 5 | + | 5 | 4 | 3 |
| Oxalis acetosella | | | 4 | | 1 | | 2 | 2 | | 2 | 1 | | 2 | 1 | 3 | 3 | 3 | 2 | + | 1 | 3 | 1 | |
| Majanthemum bifolium | | | | | + | | + | + | | + | | | + | + | | | + | + | | | + | | |
| Mnium hornum | | | | | | | 1 | | | | | | + | | | + | | | + | + | + | | + |

*Gesellschafts-Tabelle IV. Stieleichen-Birkenwald (Querceto roboris — Betuletum molinietosum)*

| Aufnahme-Nr.: | 1 | 2 | 3 | 4 | 5 | 6 | 7 | 8 | 9 | 10 | 11 | 12 | 13 | 14 | 15 | 16 | 17 | 18 | 19 | 20 | 21 | 22 |
|---|---|---|---|---|---|---|---|---|---|---|---|---|---|---|---|---|---|---|---|---|---|---|
| Artenzahl: | 14 | 18 | 16 | 17 | 18 | 16 | 19 | 19 | 19 | 16 | 15 | 26 | 23 | 23 | 26 | 22 | 21 | 18 | 22 | 22 | 16 | 20 |
| Trennarten der Untereinheiten: | | | | | | | | | | | | | | | | | | | | | | |
| $\delta_1$: Entodon schreberi | 2 | 3 | 3 | 3 | | | | + | | | | | | | | | | | | | | |
| Dicranum undulatum | | 1 | | | 1 | | | | | | | | | | | | | | | + | | |
| Dicranum scoparium | | | | + | + | | | | | | | | | | | | | | | | | |
| $\delta_2$: Milium effusum | | | | | | 1 | + | | | | | | | | | | | | | | | |
| Stellaria holostea | | | | | | | + | + | | | | | | | | | | | | | | |
| Moehringia trinervia | | | | | | | | + | | | | | | | | | | | | | | |
| d: Sphagnum palustre | | | | | | | | | | | + | + | + | + | + | + | 2 | 1 | 1 | 4 | 4 | 3 |
| Lophocolea bidentata | | | | | | | | | | | | + | + | + | + | + | | | | | | |
| Lysimachia vulgaris | | | | | | | | | | | | + | + | + | + | | | | | | | |
| Sphagnum acutifolium. spec. | | | | | | | | | | | | | | | | | + | + | + | + | + | 3 |
| Übrige Arten: | | | | | | | | | | | | | | | | | | | | | | |
| Vaccinium myrtillus | 1 | 4 | 5 | 2 | 1 | 4 | 4 | 4 | 2 | 1 | 4 | 2 | 3 | 3 | 3 | 1 | 1 | 2 | 3 | 2 | 1 | 2 |
| Dryopteris spinulosa | + | 3 | + | + | | 2 | + | + | + | 1 | | + | 1 | 3 | 3 | + | 3 | + | 1 | + | | + |
| Rubus fruticosus coll. | | + | + | + | | 1 | | | | + | | + | + | 1 | 1 | + | + | + | 2 | + | | + |
| Rubus idaeus | | 2 | + | + | | 1 | | | | + | + | | + | + | 2 | + | + | + | 1 | | | + |
| Luzula pilosa | | | | | | | + | + | | + | + | + | + | | + | + | + | + | | + | | |
| Deschampsia flexuosa | + | | | | + | | | | | | | + | | | + | | + | | | | | |
| Carex pilulifera | | | | | + | | | | + | | | | | | + | | | | | | | |
| Vaccinium vitis idaea | | | 3 | | | | | | | | | | | | | | | | | | | 1 |
| Leucobryum glaucum | 3 | + | 2 | | 2 | + | 3 | + | + | 2 | 1 | + | + | 1 | + | + | + | 2 | + | 2 | 2 | 2 |
| Polytrichum attenuatum | + | 1 | | 1 | 1 | 1 | + | 2 | + | + | + | + | + | + | + | + | 3 | | + | + | | + |
| Scleropodium purum | | 2 | | 1 | | | + | | 3 | | | 1 | + | + | 1 | + | | | | | | + |
| Hypnum cupressiforme | | | 1 | | + | | + | | | | | + | | + | + | + | | | + | | | + |
| Ceratodon purpureum | | | | + | + | | | + | + | | | | | + | + | + | | | + | | | |
| Thuidium tamariscinum | | | | | | | | | + | | | + | | | | | + | | | | | |

Ferner: Convallaria majalis 1 (*8*); Mnium affine spec. + (8); Acer pseudoplatanus + (9); Carpinus betulus + (11); Carex fusca + (13); Bazzania trilobata + (14); Eurhynchium spec. + (15); Carex muricata + (20).

Förderung durch die Forstwirtschaft, sie würde im Naturwald allenfalls sporadisch vorkommen.

In der Bodenflora sind *Molinia coerulea*, *Vaccinium myrtillus* und *Pteridium aquilinum* die herrschenden Arten, in deren Beständen fast regelmäßig der Sauerklee anzutreffen ist. Unter diesen Arten bilden *Leucobryum glaucum*, *Polytrichum attenuatum*, *Scleropodium purum* und *Hypnum cupressiforme* eine lückige Moosschicht. Von den Kennarten des Eichen-Birkenwaldes sind nur *Pteridium aquilinum*, *Lonicera periclymenum*, seltener auch Sandbirke und Aspe vertreten.

Vom Typus weicht die Alnus-Variante mit nässeertragenden Arten ab; sie umfaßt eine ärmere sphagnumreiche Ausbildungsform und eine bessere mit *Lophocolea bidentata*. Die Alnus-Variante bildet hier ökologisch wie räumlich besonders mit der torfmoosreichen Ausbildungsform den Übergang zum Birkenbruch. — Die typische Variante enthält neben der normalen eine reichere Milium-Ausbildungsform sowie eine ärmere mit Ast- und Gabelzahnmoosen. Die Aufnahmen der Ges.-Tab. IV stammen aus den Abteilungen 20, 35, 41, 42, 44, 46, 47 a, b, 48, 58, 82, 85, 89, 90 und 95.

*Gesellschafts-Tabelle IV a. Stieleichen-Birkenwald*
*(Gesellschaftsvergleich)*

| | a | b | c | d | e |
|---|---|---|---|---|---|
| Quercus robur | V | 3 | V | V | V |
| Betula pubescens | III | 3 | V | V | V |
| Betula pendula | IV | 3 | I | | III |
| Populus tremula | III | | I | I | III |
| Rhamnus frangula | V | 3 | V | V | IV |
| Molinia coerulea | V | 3 | V | V | V |
| Vaccinium myrtillus | V | 3 | V | II | |
| Deschampsia flexuosa | V | 2 | I | II | III |
| Pteridium aquilinum | III | I | IV | | II |
| Lonicera periclymenum | IV | 1 | II | IV | II |
| Dryopteris spinulosa | III | 2 | V | V | II |
| Rubus fruticosus coll. | III | 2 | IV | V | II |
| Polytrichum attenuatum | II | 2 | V | II | |
| Mnium hornum | III | 1 | II | II | |
| Ilex aquifolium | II | | | | |
| Trientalis europaea | II | 2 | | | |
| Galium saxatile | IV | 1 | | | |
| Polypodium vulgare | I | 1 | | | |
| Majanthemum bifolium | II | | III | V | II |
| Luzula pilosa | | | III | III | I |
| Moehringia trinervia | | | I | III | V |
| Lysimachia vulgaris | | | I | IV | II |
| Oxalis acetosella | | | IV | IV | |
| Anemone nemorosa | | | | V | II |

a) 20 Aufnahmen von Tüxen (1937) aus Nordwestdeutschland
b) 3 Aufnahmen von Buchwald (1951 a) bei Bremen;
c) 17 Aufnahmen aus Magdeburgerforth;
d) 5 Aufnahmen des Verfassers (1956) aus dem Oberspreewald;
e) 6 Aufnahmen des Verfassers (1953) aus dem mitteldeutschen Trockengebiet.

Gesellschaftsvergleich

Obwohl der Stieleichen-Birkenwald ökologisch und auch geographisch ziemlich eng begrenzt ist, lassen sich innerhalb seines subatlantischen Areals doch gewisse Unterschiede erkennen (s. Ges.- Tab. IVa). So zeichnen sich die westdeutschen Ausbildungsformen durch einige boreoatlantische Arten aus, an deren Stelle in den hiesigen Einheiten mesophile Arten mit z. T. eurasisch-kontinentalem Verbreitungsschwerpunkt (vgl. OBERDORFER 1949) treten.

Gesellschaftshaushalt

Der Stieleichen-Birkenwald besiedelt im Gebiet grundwasserbeeinflußte Sand- und Torfböden (s. Bodenprofil Nr. 7 und 8).

In Torfböden sind die Aziditätswerte (s. Tab. 11) im Durchschnitt mit pH 3 — 3,5 noch etwas ungünstiger als im Birkenbruch; demgegenüber weisen jedoch die höheren Aschenwerte im Oberboden des Eichen-Birkenwaldes auf eine beginnende (aerobe) Torfzersetzung hin. Eine Abnahme dei Azidität im Unterboden läßt sich auch hier feststellen.

*Tabelle 11. Zusammenstellung einiger Analysenwerte von Torfproben aus dem Stieleichen-Birkenwald*

| Nr. | Probe aus 5—10 cm Tiefe | | | Nr. | Probe aus 25—30 cm Tiefe | | |
|---|---|---|---|---|---|---|---|
| | $pH_{KCl}$ | $pH_{H_2O}$ | Aschen-% | | $pH_{KCl}$ | $pH_{H_2O}$ | Aschen-% |
| 21 | 3,6 | 4,2 | 15,3 | | | | |
| 19 | 3,5 | 4,3 | 18,7 | 20 | 3,4 | 4,3 | 15,5 |
| 31 | 3,6 | 4,3 | 11,8 | 32 | 3,4 | 4,2 | 7,4 |
| 65 | 3,3 | 3,8 | 21,2 | 66 | 3,7 | 4,0 | 6,1 |
| 72 | 2,5 | 2,7 | 10,7 | 73 | 3,5 | 3,7 | 15,4 |
| 58 | 2,2 | 2,5 | 19,2 | 57 | 4,0 | 4,5 | 6,8 |
| 42 | 3,1 | 3,1 | 8,0 | | | | |
| Mittel: (7) | 3,1 | 3,6 | 15,0 | (5) | 3,6 | 4,1 | 10,2 |

Weniger häufig ist das Vorkommen des Eichen-Birkenwaldes auf mineralischem Boden, wie ihn das Profil Nr. 8 aus Abt. 35 darstellt.

*Tabelle 12: Zusammenstellung von pH-Werten aus mineralischen Stieleichen-Birkenwald-Profilen*

pH-(Sommer-)Werte in KCl

| Abteilung | 89 | 73 | Mittel (2) |
|---|---|---|---|
| $A_0$ | 2,8 | 3,2 | 3,0 |
| $A_1$ | 3,1 | 3,7 | 3,4 |
| $G_0$ | 3,6 | 4,0 | 3,8 |
| $G_r$ | 3,7 | 4,1 | 3,9 |

Bodenprofil Nr. 8 Aufgenommen am 11. 8. 1950

| Bestand: 72jährige Eiche-Birke-Kiefer | Mechanische Analyse Anteile in % | | | | Aziditäts-Verhältnisse | | Austausch- | | Glüh-verlust |
|---|---|---|---|---|---|---|---|---|---|
| | Kies | Grob-sand | Feins. Staub | Schluff Ton | pH $H_2O$ | pH KCl | Azid. ccm | Kalk mval | % |
| 1 cm Streu | | | | | | | | | |
| $A_0$ 6 cm dunkelrostbrauner, moderartiger Rohhumus | | | | | | | | | |
| $A_1$ 0—20 cm schwarzgrauer, humoser Mittelsand, gebleicht | 1,3 | 60,6 | 37,4 | 0,7 | 4,7 | 4,2 | 15,8 | 0,3 | 7,1 |
| $AG_0$ 20—40 cm dunkelgrauer, wolkig-humoser Mittelsand, unten schwach rostfleckig | 0,5 | 63,4 | 34,0 | 2,1 | 5,2 | 4,8 | 13,0 | 0,4 | 5,6 |
| $G_r$ 40—80 cm hellgrauer Mittel- bis Feinsand | 0,9 | 51,5 | 47,4 | 0,2 | 6,2 | 5,4 | 2,3 | 0,4 | 0,5 |

Befremdend günstig sind in diesem Beispiel die pH-Werte, ohne daß ein Grund hierfür angegeben werden könnte, zumal die Austausch-Aziditätswerte durchaus normal sind. So liegen daher auch die pH-Werte in zwei anderen Mineralbodenprofilen erheblich unter denen des Beispielprofiles (s. Tab. 12).

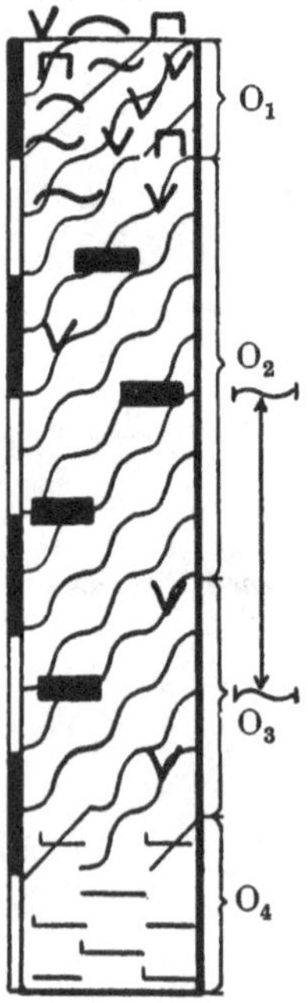


Bodenprofil Nr. 7
Lage: rückwärtige tote Randzone im Quellmoor (Abt. 48 a[1])
Vegetation: mittelwüchsiger Kiefernmischbestand mit *Molinia* und *Sphagnum* (Alnus-Variante)
Geologisches Substrat: Gehängetorf über Talgeschiebesand
Bodentyp: feuchtes Birkenbruchwald-Niedermoor
Standortsbeurteilung: sehr feuchter Torfstandort mittlerer Ertragsleistung mit saurem Fasertorf (oben in Zersetzung begriffen) und nahezu stagnierendem, kalkarmem Grundwasser (40 mg CaO/l).

Bodenprofil Nr. 8
Lage: Taldiluvium am Rande der Quellmoorzone (Abt. 35 a[5])
Vegetation: Eichenmischbestand mit *Molinia* und *Pteridium* (typische Variante)
Geologisches Substrat: Talgeschiebesand
Bodentyp: schwach podsolierter oligotropher Grauglei
Standortsbeurteilung: feuchter Sandstandort mittlerer Ertragsleistung mit nahezu stagnierendem, aber kalkreichem Grundwasser (150 mg CaO/l).

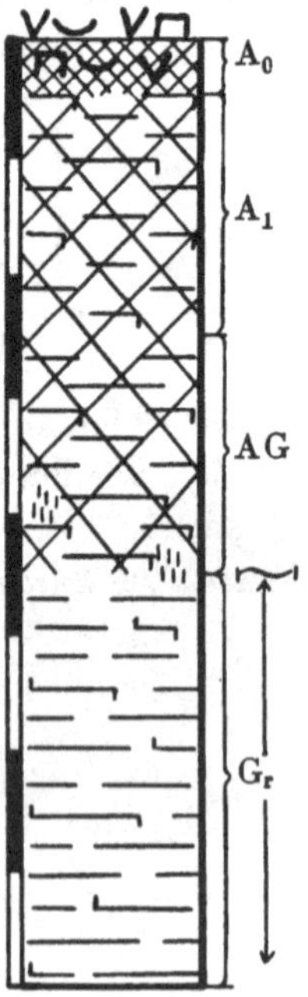

In allen Fällen kommt ein aziditätsmildernder Einfluß des Grundwassers deutlich zum Ausdruck.
Grundwasserproben aus Profilen im Eichen-Birkenwald wiesen Kalkwerte zwischen 40—80 (100) mg CaO/l auf. Der Grundwassereinfluß reicht in der Alnus-Variante bis nahe an die Oberfläche (10—20 cm Tiefe), in der typischen Variante bleibt er unterhalb 40—50 cm Tiefe.

## b) Pfeifengrasreicher Heidelbeer-Buchenwald
(*Deschampsio-Fagetum molinietosum*)

### Gesellschaftsaufbau und Untereinheiten

Auf weniger feuchten Böden stellt die Buche im Gebiet die bestandsbildende Holzart dar. Stieleiche, Birke und Eberesche, sporadisch auch die Kiefer, treten als Mischhölzer auf (s. Taf. V, 1). Artenarm ist die Bodenflora, in der *Vaccinium myrtillus* und *Pteridium aquilinum* stärker vertreten sind. *Oxalis acetosella, Dryopteris austriaca, Molinia coerulea, Majanthemum bifolium, Luzula pilosa, Carex pilulifera* sind ihre ständigen Begleiter. Kennzeichnend für die Flora der armen Buchenwälder sind einige kleine Haftmoose.
Vom Typus des Pfeifengras-Heidelbeer-Buchenwaldes unterscheidet sich eine reichere Milium-Ausbildungsform und in entgegengesetzter Richtung eine solche mit *Entodon schreberi* und *Dicranum undulatum.* — Die Aufnahmen der Ges.-Tab. V stammen aus den Abteilungen: 34, 35, 36, 41, 42, 47, 48, 49, 54, 56, 57, 60, 72 und 95.

### Gesellschaftshaushalt

Der Pfeifengras-Heidelbeer-Buchenwald kommt im Gebiet vornehmlich auf mineralischen Grundwasserböden vor, doch gibt es auch Fälle, in denen er ähnlich dem Stieleichen-Birkenwald auf Torfböden stockt. In solchen Profilen bildet den oberen Horizont ein stark in Zersetzung begriffener Fasertorf, der nahe der Grundwasserzone in normalen Fasertorf übergeht (s. Bodenprofil Nr. 9).

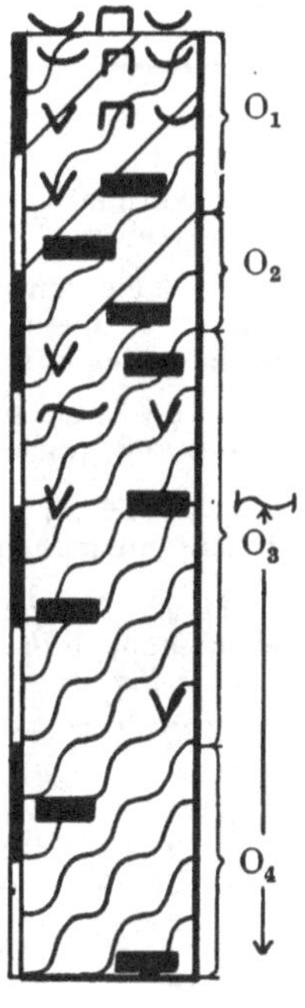


Bodenprofil Nr. 9
Lage: moränennahe Zone eines gealterten Quellmoores (Abt. 35 a[4])
Vegetation: Buchenmischbestand mit *Molinia, Vaccinium myrtillus, Milium effusum* (Milium-Variante)
Geologisches Substrat: Gehängetorf (über Talgeschiebesand ab 140 cm Tiefe)
Bodentyp: feuchtes Birkenbruchwald-Niedermoor
Standortsbeurteilung: feuchter Torfstandort mittlerer Ertragsleistung mit saurem Fasertorf (oben in Zersetzung begriffen) und nahezu stagnierendem Grundwasser.

Eine Zusammenstellung von Analysenwerten (Tab. 13) aus dem Heidelbeer-Buchenwald auf Torf zeigt, daß die Oberbodenwerte mit pH 3,4—4 milder als die des Eichen-Birkenwaldes sind. Ein Vergleich zwischen den Ober- und Unterbodenwerten ergibt jedoch keine eindeutigen Abweichungen mehr.

*Tabelle 13: Zusammenstellung einiger Analysenwerte von Torfproben aus Heidelbeer-Buchenwäldern*

| Nr. | Probe aus 5—10 cm Tiefe | | | Nr. | Probe aus 25—30 cm Tiefe | | |
|---|---|---|---|---|---|---|---|
| | $pH_{KCl}$ | $pH_{H_2O}$ | Aschen-% | | $pH_{KCl}$ | $pH_{H_2O}$ | Aschen-% |
| 29 | 3,7 | 4,6 | 13,3 | 30 | 3,8 | 4,8 | 9,4 |
| 59 | 3,9 | 4,2 | 8,8 | 60 | 3,3 | 4,0 | 7,3 |
| 63 | 4,0 | 4,2 | 9,4 | 64 | 3,4 | 3,9 | 12,7 |
| 67 | 3,9 | 4,3 | 15,1 | 68 | 3,9 | 4,0 | 9,1 |
| 2 | 3,5 | 4,6 | 12,9 | 3 | 4,3 | 5,3 | 23,3 |
| 33 | 3,2 | 4,0 | 7,9 | 34 | 3,1 | 4,0 | 10,7 |
| 61 | 3,4 | 3,7 | 12,9 | 62 | 3,8 | 4,4 | 22,4 |
| Mittel (7) | 3,7 | 4,2 | 11,5 | (7) | 3,7 | 4,3 | 13,6 |

Häufiger kommt der feuchte Heidelbeer-Buchenwald im Gebiet auf Sandböden vor, deren Grundwasserspiegel im allgemeinen unterhalb 50—100 cm Tiefe liegt. Als Beispiel sei das Profil Nr. 10 der Aufnahme Nr. 3 (Ges.-Tab. V) aus Abt. 35 angeführt.

Bodenprofil Nr. 10 Aufgenommen am 18. 6. 1950

| Bestand: 124jähr. Kiefer-Buche (Eiche) | Mechanische Analyse Anteile in % | | | | Aziditäts-Verhältnisse | | Austausch- | | Glühverlust- |
|---|---|---|---|---|---|---|---|---|---|
| | Kies | Grobsand | Feins. Staub | Schluff Ton | pH $HO_2$ | pH KCl | Azid. ccm | Kalk mval | % |
| 1 cm Streu | | | | | | | | | |
| $A_0$ 1—3 cm lockerer Moder, bleichkornhaltig mit gelben Pilzmycelien | | | | | | | | | |
| $A_1$ 0—5 cm schwärzlichgrauer, humoser Mischsand, leicht gebleicht | 4,4 | 38,7 | 48,8 | 8,1 | 3,1 | 3,1 | 15,9 | 1,3 | 7,2 |
| $(B_1)$ 5—35 cm graubrauner Mischsand, geschiebehaltig | | | | | | | | | |
| $(B_2)$ 35—50 cm hellbrauner Mischsand, geschiebehaltig | 4,6 | 52,5 | 41,1 | 1,8 | 4,5 | 4,5 | 10,7 | 0,5 | 1,7 |
| C(G) 50—120 cm hellgrauer Mischsand, ab 70 cm schwach roststreifig | 5,1 | 52,7 | 41,2 | 1,0 | 6,3 | 5,9 | 0,2 | 0,7 | 0,5 |
| $G_0$ 120—175 cm hellgrauer Mischsand, oben (120—135 cm) mit rostroten, z. T. knollig verhärteten Eisenabsätzen, geschiebehaltig | 6,6 | 57,0 | 33,8 | 2,6 | 6,8 | 6,4 | — | 0,5 | 0,4 |
| $G_r$ 175—200 cm grauer Mittelsand | | | | | | | | | |

1. Grundwassernaher Heidelbeer-Buchenwald in Abt. 47

2. Stieleichen-Hainbuchenwald in Abt. 36

*Gesellschafts-Tabelle V: Pfeifengras-Heidelbeer-Buchenwald*
*(Deschampsio-Fagetum molinietosum)*

| Aufnahme-Nr.: | | 1 | 2 | 3 | 4 | 5 | 6 | 7 | 8 | 9 | 10 | 11 | 12 | 13 | 14 | 15 | 16 | 17 | 18 |
|---|---|---|---|---|---|---|---|---|---|---|---|---|---|---|---|---|---|---|---|
| Artenzahl: | | 14 | 16 | 22 | 18 | 16 | 16 | 13 | 18 | 13 | 12 | 14 | 14 | 19 | 18 | 15 | 14 | 16 | 12 |
| *Bäume und Sträucher:* | | | | | | | | | | | | | | | | | | | |
| Fagus silvatica | B | 4 | 4 | 3 | 4 | 3 | | 4 | 4 | 4 | 3 | 4 | 4 | 4 | 3 | 2 | 3 | 3 | 2 |
| Fagus silvatica | S | 1 | | + | + | + | 4 | | 1 | | + | + | 1 | + | + | + | + | + | |
| [Pinus silvestris | B] | 3 | 3 | 3 | 3 | 4 | + | 1 | 3 | 3 | 3 | 3 | 3 | 3 | 4 | 4 | 4 | 3 | 4 |
| Pinus silvestris | S | | | | | | 3 | | | | | | | | | | + | | |
| Quercus robur | B | | | 1 | | | | | 1 | 1 | + | + | | | + | | 2 | + | 1 |
| Quercus robur | S | | | | | | | | | | | | | | | + | + | | |
| Betula pubescens | B | 2 | + | | | 1 | | 1 | + | | + | | | | | + | | | |
| Sorbus aucuparia | S | | | | | + | 1 | | | + | | | | + | + | + | + | | + |
| Betula pendula | B | | | | | | | | + | | | | + | | | | | | |
| Rhamnus frangula | | | | + | | + | | 1 | | | | + | | | | + | | | 1 |
| *Bodenflora:* | | | | | | | | | | | | | | | | | | | |
| Kenn- und Trennarten der Gesellschaft: | | | | | | | | | | | | | | | | | | | |
| Ceratodon purpureum | | | + | | + | | 1 | + | | | + | + | | + | + | + | | + | |
| Plagiothecium denticulatum et silvaticum | | | + | + | + | | | | | | | | | | + | | | + | |
| Dicranella heteromalla | | | | + | | | | | | | | 1 | | | | | | | |
| Trennarten der Untereinheiten: | | | | | | | | | | | | | | | | | | | |
| D: Dryopteris spinulosa | | + | + | + | + | + | + | + | + | + | | | + | + | | + | | | + |
| Oxalis acetosella | | 2 | + | + | 1 | 2 | 2 | 1 | + | + | . | 1 | + | + | + | | | | |
| Pteridium aquilinum | | | | | 1 | 3 | 2 | 3 | 2 | | 2 | 2 | | | 1 | 2 | 2 | + | 3 |
| Molinia coerulea | | 2 | | | | + | + | 1 | + | | + | + | | | + | + | 2 | + | |
| Lonicera periclymenum | | | + | 1 | | | | | + | 1 | | | + | 1 | + | | + | | |
| Rubus fruticosus coll. | | | | | + | | + | | | + | | | | + | | | | | |
| Mnium hornum | | + | | | | | | | + | | | | | + | | | | | |
| d: Milium effusum | | + | + | + | + | + | | | | | | | | | | | | | |
| Rubus idaeus | | + | | + | + | + | | | | | | | | | | | | | |
| Moehringia trinervia | | | | + | + | | | | | | | | | | | | | | |
| Catharinea undulata | | | + | | + | | | | | | | | | | | | | | |
| d: Entodon schreberi | | | | | | | | | | | | | + | 2 | 2 | 3 | | 2 | 3 |
| Dicranum undulatum | | | | | 1 | | | | | | | | 1 | 1 | + | | 2 | 2 | 1 |
| Hypnum cupressiforme | | | | | | | | | | | | | | + | | 1 | | | |
| Scleropodium purum | | | | | | | | | | | | | | | 2 | | | + | |
| Übrige Arten: | | | | | | | | | | | | | | | | | | | |
| Vaccinium myrtillus | | 2 | | + | | 3 | 3 | 2 | 1 | 3 | 3 | 3 | 2 | 3 | 3 | 4 | 3 | + | 4 |
| Majanthemum bifolium | | 1 | + | + | | + | 1 | + | + | + | | 2 | + | 1 | 1 | | + | | |
| Luzula pilosa | | | + | + | + | + | + | | + | | + | + | + | + | + | | + | + | |
| Carex pilulifera | | + | | + | + | + | + | | + | + | + | + | | + | + | | + | + | |
| Deschampsia flexuosa | | | + | | + | | | | | | | | | | | | + | | |
| Holcus mollis | | | + | + | | | | | | | | | | | | | | | |
| Hedera helix | | | | + | | | | | | | | | | + | | | | | |
| Polytrichum attenuatum | | 1 | 2 | + | 1 | + | 2 | 1 | | | + | | 1 | + | | | 1 | + | + |
| Leucobryum glaucum | | + | + | | | | 1 | + | + | + | + | + | + | 1 | 1 | 2 | + | | |
| Dicranum scoparium | | | | | | | | | + | | | | | | | + | | | |

ferner: Carpinus betulus S. + (3); Anemone nemorosa + (3); Agrostis tenuis + (3); Viola silvestris + (4); Mycelis muralis + (6); Convallaria majalis (+8); Carex fusca + (9); Polypodium vulgare + (12); Galeopsis tetrahit + (17); Festuca ovina + (17).

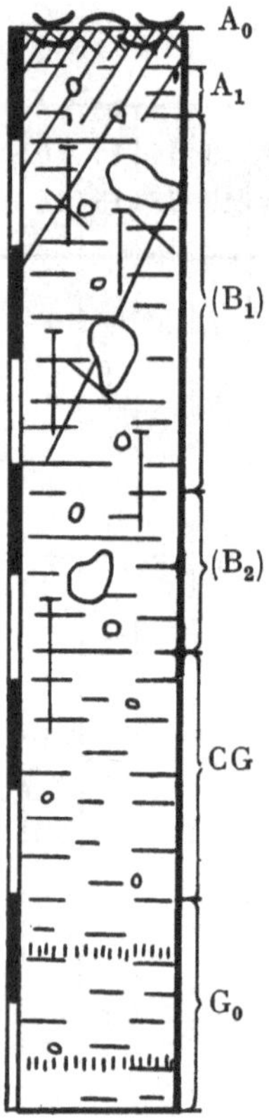


Bodenprofil Nr. 10

Lage: leichte Geländewelle im Hainbuchen-Talsandgebiet (Abt. 35 $a^4$)

Vegetation: Kiefern-Buchenmischbestand, Milium-Variante (Ges.-Tab. V, 3)

Geologisches Substrat: Geschiebesand der Grundmoräne

Bodentyp: mäßig feuchter, oligotropher Braunglei, podsolig

Standortsbeurteilung: frisch-feuchter Mischsandstandort mittlerer Güte mit kalkreichem Grundwasser im nahen Untergrund.

Recht bezeichnend sind solche Mischsande für die hiesigen Heidelbeer-Buchenwälder. Dieses an sich basenarme Material vermag der Oberbodenverarmung nur wenig Widerstand entgegenzusetzen; daher sind solche Böden typenmäßig als podsolige bis podsolierte Braunerden anzusprechen. Recht anschaulich kommt an diesem Beispielprofil auch die Abnahme der Aziditätswerte mit zunehmender Bodentiefe zum Ausdruck, und geradezu sprunghaft tritt an der Obergrenze des Gleyhorizonts eine beinahe bis zur Neutralisation gehende Milderung durch den Grundwassereinfluß ein. — Allerdings liegen die Unterbodenwerte auch hier selten günstig, wie ein Vergleich mit denen anderer Buchenwaldprofile zeigt (Tab. 14).

*Tabelle 14:*
*Zusammenstellung von pH-Werten aus grundwasserbeeinflußten Sandböden des Heidelbeer-Buchenwaldes*

| | pH-(Sommer-)Werte in KCl | | | Mittel (3) |
|---|---|---|---|---|
| Abteilung | 27 | 74 | 48 | |
| $A_0$ | 2,7 | 2,9 | 3,0 | 2,9 |
| $A_1$ | 3,9 | 3,5 | 3,4 | 3,6 |
| $(B_1)$ | | 4,1 | 3,7 | } 3,9 |
| $(B_2)$ | | | 4,0 | |
| $G_0$ | 4,6 | 4,5 | 4,3 | 4,5 |

Dennoch kommt auch bei diesen höheren Aziditätswerten der mildernd wirkende Grundwassereinfluß (vgl. B:G in Tab. 14 mit B:C in Tab. 15) zum Ausdruck.

Primärpodsole sind zwar selten, kommen jedoch örtlich im Pfeifengras-Heidelbeer-Buchenwald in kräftiger Ausprägung vor (s. Bodenprofil Nr. 11).

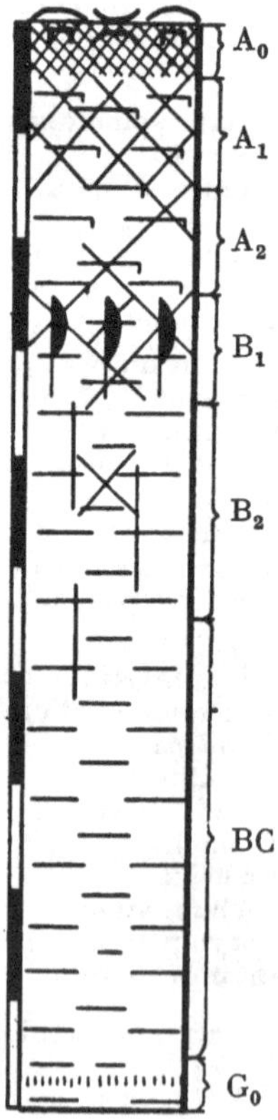


Bodenprofil Nr. 11

Lage: höher gelegener Talsandstandort am Rande des Höhendiluviums (Abt. 41 $a^2$)

Vegetation: Kiefern-Buchenmischbestand, Entodon-Variante (Ges.-Tab. V, 15)

Geologisches Substrat: Talgeschiebesand
Bodentyp: Eisenhumuspodsol über Glei im Untergrund
Standortsbeurteilung: frischer, stark podsolierter Talsandboden mittlerer Ertragsleistung mit nahezu stagnierendem Grundwasser im Untergrund.

## Astmoosreicher Heidelbeer-Buchenwald

(*Deschampsio-Fagetum melampyretosum*)

### Gesellschaftsaufbau und Untereinheiten

Die verbreitetste Waldgesellschaft im Höhendiluvium ist der moosreiche Heidelbeer-Buchenwald. Zur herrschenden Buche gesellen sich hier Stiel- und Traubeneiche, Birke und Kiefer. Im Bodenwuchs überwiegt *Vaccinium myrtillus* von *Carex pilulifera, Festuca ovina* und *Melampyrum pratense* als Hauptarten begleitet. In der Moosschicht treten *Dicranum undulatum, Leucobryum glaucum* und *Entodon schreberi* in kleineren Gruppen auf.
Analog zum pfeifengrasreichen Heidelbeer-Buchenwald kann man auch hier vom Typus eine reichere Majanthemum-Ausbildungsform sowie eine ärmere mit *Calluna vulgaris* abgrenzen.
Die Aufnahmen der Ges.-Tab. VI stammen aus den Abteilungen: 13, 17, 22, 32, 33, 37, 38, 38, 40, 42, 43, 44, 45, 46, 49, 54, 61, 62 und 86.

### Gesellschaftshaushalt

Der moosreiche Heidelbeer-Buchenwald besiedelt im Höhendiluvium vornehmlich mäßig frische mittlere Sandstandorte (Spat- und Geschiebesande, s. Bodenprofil Nr. 13), besonders bevorzugt werden ferner Rostkiesböden (Profil Nr. 12). Als Beispiel sei ein Profil aus Abteilung 38 angeführt.

**Bodenprofil Nr. 12** Aufgenommen am 28. 7. 1950

| Bestand: 100jähr. Kiefer-Buche-Eiche | Mechanische Analyse Anteile in % | | | | Aziditätsverhältnisse | | | | Glühverlust |
|---|---|---|---|---|---|---|---|---|---|
| | | | | | | | Austausch | | |
| | Kies | Grobsand | Feins. Staub | Schluff Ton | pH $H_2O$ | pH KCl | Azid. ccm | Kalk mval | % |
| 0,5 cm Streu, z. T. verweht $A_0$ 0,5—1,5 cm rohhumusartiger Moder | | | | | | | | | |
| $A_1$ 0—7 cm schwärzlichgrauer, humoser Mittelsand, leicht gebleicht | 5,0 | 63,3 | 27,1 | 4,6 | 4,2 | 4,5 | 9,2 | 0,8 | 9,0 |
| (B) 7—45 cm graubräunlicher, kiesiggrober Mittelsand, geschiebehaltig | 9,5 | 70,2 | 18,1 | 2,2 | 4,4 | 4,4 | 6,0 | 0,1 | 1,5 |
| $(BC)_1$ 45—85 cm hellbräunlicher, kiesiger Grobsand, schwach rostfarben | 31,1 | 63,2 | 5,0 | 0,7 | 4,4 | 4,0 | 3,5 | 0,1 | 0,6 |
| $(BC)_2$ 85—130 cm rostbrauner Grobsand bis Kies, sehr locker | 45,9 | 47,3 | 6,5 | 0,3 | 5,3 | 3,9 | 8,0 | 0,2 | 1,0 |
| C 130—150 cm gelblichgrauer Mittelsand | | | | | | | | | |

*Gesellschafts-Tabelle VI: Astmoosreicher Heidelbeer-Buchenwald (Deschampsio-Fagetum melampyretosum)*

| Aufnahme- Nr.: | | 1 | 2 | 3 | 4 | 5 | 6 | 7 | 8 | 9 | 10 | 11 | 12 | 13 | 14 | 15 | 16 | 17 | 18 | 19 | 20 | 21 | 22 |
|---|---|---|---|---|---|---|---|---|---|---|---|---|---|---|---|---|---|---|---|---|---|---|---|
| Artenzahl: | | 20 | 15 | 17 | 16 | 17 | 19 | 17 | 18 | 12 | 16 | 12 | 15 | 11 | 14 | 16 | 12 | 10 | 10 | 13 | 17 | 12 | 14 |
| *Bäume und Sträucher:* | | | | | | | | | | | | | | | | | | | | | | | |
| Fagus silvatica | B | 3 | 3 | 4 | 3 | 3 | 4 | 4 | 3 | 2 | 3 | 3 | 2 | 3 | 3 | 2 | 3 | 2 | 2 | 3 | 2 | 2 | 2 |
| Fagus silvatica | S | + | 1 | + | + | + | + | | + | + | + | + | + | | + | + | + | 1 | + | 1 | + | + | + |
| [Pinus silvestris | B] | 3 | 3 | 3 | 3 | 3 | + | 3 | 4 | 4 | 3 | 4 | 4 | 3 | 4 | 3 | 3 | 4 | 4 | 3 | 4 | 4 | 4 |
| Pinus silvestris | S | | | | | | | | | | | + | + | 1 | + | 2 | | | 2 | 1 | 2 | + | 1 |
| Quercus robur | B | 2 | + | | | | 1 | | 1 | | + | | | + | 1 | + | | | | | + | | |
| Quercus robur | S | | | | | | | + | | | + | | | + | | | | | | | | | |
| Betula pendula | B | | + | | | | 1 | | + | | | | | + | | + | | | + | | + | | |
| Betula pendula | S | | | | | | | | | | | | + | + | + | + | | | | + | + | | |
| D: Quercus petraea | B | 1 | 1 | + | | | | | + | | | + | | | | | | | | | | | |
| Sorbus aucuparia | S | + | | | | | | | | | | | + | | | + | | | | + | | | |
| *Bodenflora:* | | | | | | | | | | | | | | | | | | | | | | | |
| Kenn- und Trennarten der Gesellschaft: | | | | | | | | | | | | | | | | | | | | | | | |
| Ceratodon purpureum | | | | + | + | + | | | + | + | + | | | | | | + | | | | | | |
| Dicranella heteromalla | | | | + | | | | | | | | + | | | | | | | | | | | |
| Trennarten der Untereinheiten: | | | | | | | | | | | | | | | | | | | | | | | |
| d: Festuca ovina | | + | + | 1 | + | + | + | + | + | + | + | + | 1 | | 1 | + | + | + | | | + | + | + |
| Melampyrum pratense | | + | + | | + | | + | + | + | + | + | | | 1 | 1 | | + | | + | + | 1 | + | 1 |
| Hieracium lachenalii | | + | | + | + | + | | + | | | | | + | | | + | | | | | + | | |
| Anthoxanthum odoratum | | + | | | | | 1 | + | + | | | | | | | | | | | | + | | |
| Agrostis tenuis | | + | + | | | | + | + | | | | | | | | | | | | | | | |
| Luzula multiflora et camp. | | | | | + | | | | | | | | | | | + | | | | | | | |
| Sieglingia decumbens | | | | | | | + | | | + | + | | | | | | | | | | 1 | | |

*Gesellschafts-Tabelle VI: Astmoosreicher Heidelbeer-Buchenwald*
*(Deschampsio-Fagetum melampyretosum)*

| Aufnahme-Nr.: | 1 | 2 | 3 | 4 | 5 | 6 | 7 | 8 | 9 | 10 | 11 | 12 | 13 | 14 | 15 | 16 | 17 | 18 | 19 | 20 | 21 | 22 |
|---|---|---|---|---|---|---|---|---|---|---|---|---|---|---|---|---|---|---|---|---|---|---|
| Artenzahl: | 20 | 15 | 17 | 16 | 17 | 19 | 17 | 18 | 12 | 16 | 12 | 15 | 11 | 14 | 16 | 12 | 10 | 10 | 13 | 17 | 12 | 14 |
| Hieracium murorum | | | + | | | | | + | | | | | | | + | | | | | | | |
| Veronica officinalis | + | | | | | | | | | | + | | | | | | | | | + | | |
| d: Majanthemum bifolium | 2 | | 2 | + | + | | | | | | | | | | | | | | | | | |
| Poa pratensis | + | | + | | + | + | | | | | | | | | | | | | | | | |
| Scleropodium purum | | | | | 1 | 2 | | | | | | | | | | | | | | | | |
| d: Calluna vulgaris | | | | | | + | | | | | | | 2 | 1 | 1 | + | 2 | 1 | 1 | 2 | 2 | 2 |
| Cladonia silvatica | | | | | | | | | | | | | | | | | | | | | 2 | 1 |
| **Übrige Arten:** | | | | | | | | | | | | | | | | | | | | | | |
| Vaccinium myrtillus | 2 | 3 | 2 | 3 | 5 | 3 | 1 | 1 | 4 | 1 | 3 | 1 | 5 | 5 | 3 | 4 | 4 | 4 | 3 | 4 | 4 | 4 |
| Carex pilulifera | + | + | 1 | + | + | + | + | | + | + | 1 | + | + | + | + | + | + | + | + | + | | + |
| Luzula pilosa | + | + | + | + | + | + | + | | | + | | + | | + | | | | | | | | |
| Deschampsia flexuosa | + | + | | | + | | + | | | | | | | | | | | | + | | | |
| Rumex acetosella | | | | | | | | + | | | | | | | | | | | | + | | |
| Dicranum undulatum | 1 | 1 | 3 | + | 2 | + | | + | + | 2 | 1 | 2 | 3 | 3 | + | 1 | 3 | 3 | | 3 | 3 | 1 |
| Leucobryum glaucum | 1 | + | + | 1 | 1 | | + | + | + | | 1 | | 2 | + | 1 | 2 | 2 | 1 | 1 | | 2 | 3 |
| Entodon schreberi | | + | | | 4 | 3 | | + | 3 | 1 | 1 | + | 1 | 3 | | | 2 | 2 | 1 | 3 | 2 | 3 |
| Hypnum cupressiforme | | | 1 | 1 | | | | 2 | 1 | | 2 | + | | 2 | + | | 3 | 4 | | 3 | 2 | 3 |
| Dicranum scoparium | | | | + | | | + | + | | 2 | | + | | | 1 | 2 | | | 2 | | 3 | + |
| Polytrichum attenuatum | 2 | | | | + | + | | + | | + | + | | | | | + | | | | | | |

**ferner:**
Hieracium laevigatum + (3); Lonicera periclymenum + (3); Pteridium aquilinum + (5); Rubus idaeus + (5); Mycelis muralis + (7); Galeopsis tetrahit + (7); Holcus mollis + (7); Solidago virgaurea + (12); Vaccinium vitis idaea + (12).

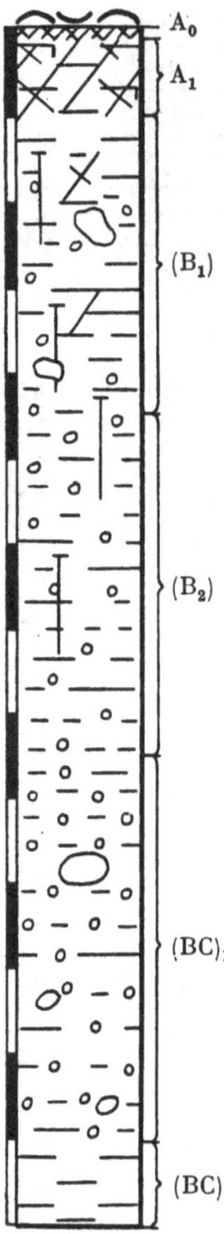


Bodenprofil Nr. 12

Lage: Geländekuppe im Höhendiluvium (Abt. 38 a[1])
Vegetation: Kiefern-Buchen-Mischbestand, Majanthemum-Variante
Geologisches Substrat: Geschiebesand der Grundmoräne über Rostkies und Spatsand
Bodentyp: podsolige oligotrophe Braunerde
Standortsbeurteilung: mäßig frischer, rostkiesnaher Kuppenstandort mittlerer Ertragsleistung.

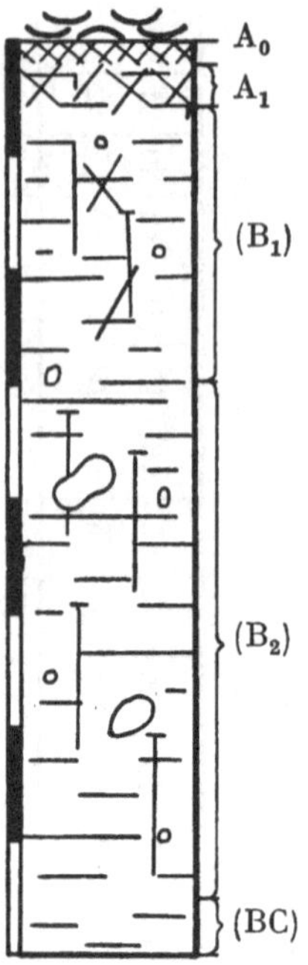


Bodenprofil Nr. 13

Lage: Hochebene am Rande des Taldiluviums (Abt. 72)
Vegetation: Kiefern-Buchen-Mischbestand (typische Variante)
Geologisches Substrat: Geschiebesand der Grundmoräne über Spatsand
Bodentyp: podsolige bis schwach podsolierte oligotrophe Braunerde
Standortsbeurteilung: mäßig frischer Mischsandstandort mittelmäßiger Ertragsleistung in ebener, grundwasserferner Lage.

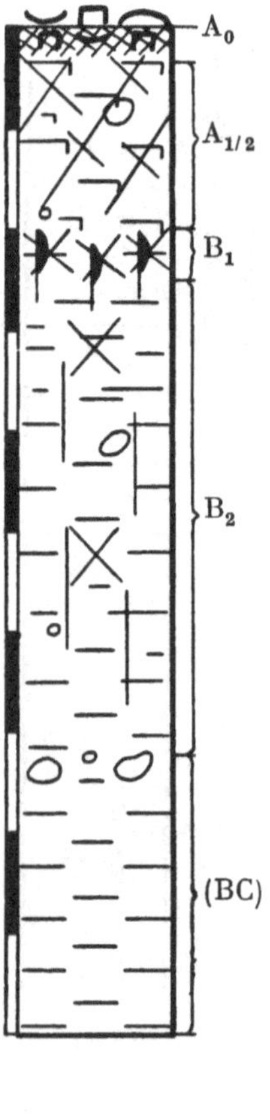


Bodenprofil Nr. 14

Lage: Hochebene am Rande des Taldiluviums (Abt. 44 a[2])
Vegetation: Kiefern-(Buchen-)Mischbestand, Calluna-Variante
Geologisches Substrat: Geschiebesand der Grundmoräne über Spatsand
Bodentyp: Eisenhumuspodsol
Standortsbeurteilung: mäßig trockener podsolierter Mischsand mittelmäßiger Ertragsleistung in ebener, grundwasserferner Lage.

Der Eisengehalt erreicht im Unterboden dieses Profils einen Wert von 1,6% $Fe_2O_3$ (HCl-Auszug); in anderen Fällen wurden Werte bis zu 5% gemessen. Der Wiederanstieg der minimalen Wasserkapazität wie des Glühverlustes (Haftwasser) stehen vermutlich in direktem Zusammenhang mit dem hohen Gehalt an Eisenhydroxyd. — Diese Feststellung sowie eine zunehmende Bodenazidität konnte auch in anderen Rostkiesprofilen bestätigt werden.

Über die hohen Aziditätswerte in den meist podsoligen, oligotrophen Braunerden gibt Tab. 15 Auskunft.

*Tabelle 15: Zusammenstellung von pH-Werten aus grundwasserfernen Sandböden des Heidelbeer-Buchenwaldes*

| Abteilung | 49 | 84 | 22 | 70 | (4) |
|---|---|---|---|---|---|
| $A_0$ | 2,8 | 2,9 | 3,0 | 3,2 | 3,0 |
| $A_1$ | 3,0 | 3,0 | 3,7 | 3,1 | 3,2 |
| $(B_1)$ | 3,9 | 3,8 | 4,1 | 3,5 | } 3,9 |
| $B(_2)$ | | | | 4,1 | |
| C | 4,1 | 4,0 | 4,2 | 4,1 | 4,1 |

Bei ärmeren Sandböden trifft man örtlich auch Podsolprofile (s. Bodenprofil Nr. 14).

## c) Traubeneichen-Birkenwald

### (*Violo-Quercetum*)

### Gesellschaftsaufbau und Untereinheiten

In trockeneren Lagen des Flämingplateaus siedelt ein Traubeneichen-Birkenwald, dessen Baumschicht, von Natur aus zu etwa gleichen Teilen, Stieleiche, Birke und Kiefer bilden (s. Ges.-Tab. VII). Traubeneiche und Buche treten nur sporadisch auf. — Die Bodenflora wird von anspruchslosen, trockenresistenten Gräsern wie *Festuca ovina, Agrostis tenuis, Deschampsia flexuosa, Anthoxanthum odoratum* und *Sieglingia decumbens* beherrscht. An häufigen Begleitern sind ferner *Vaccinium myrtillus, Calluna vulgaris, Carex pilulifera, Rumex acetosella, Hieracium pilosella* und *Hypericum perforatum* zu nennen.

Stark vertreten sind wiederum Moose (*Entodon schreberi, Dicranum undulatum, Hypnum cupressiforme* usw.), doch bilden sie noch keinen geschlossenen Teppich.

Vom Typus läßt sich eine Subass. von *Euphorbia cyparissias* mit wärmeliebenden Arten wie *Galium verum, Linaria vulgaris, Pimpinella saxifraga* abgrenzen. Innerhalb dieser Untereinheit kennzeichnen *Rubus fruticosus, Moehringia trinervia* u. a. eine mäßig frische Ausbildung.

Die Aufnahmen der Ges.-Tab. VII stammen aus den Abteilungen: 14, 18, 24, 25, 26, 27, 30, 32, 65, 68 und 89.

### Gesellschaftshaushalt

Der Traubeneichen-Birkenwald besiedelt im Gebiet mittlere bis geringe Sandböden im Höhendiluvium. Meist handelt es sich um Spatsandböden, aber auch Rostkies-Standorte mit über 1 m starken Sanddecken werden von ihm eingenommen. — Die Buche scheint diese tief anstehenden Rostkiese bzw. Grobsande nicht mehr zu erreichen.

Ein Beispiel hierfür liefert das Profil Nr. 15 in Abteilung 25.

*Gesellschafts-Tabelle VII: Traubeneichen-Birkenwald*
*(Violo-Quercetum)*

| Aufnahme-Nr.: | | 1 | 2 | 3 | 4 | 5 | 6 | 7 | 8 | 9 | 10 | 11 | 12 | 13 | 14 | 15 | 16 | 17 |
|---|---|---|---|---|---|---|---|---|---|---|---|---|---|---|---|---|---|---|
| Artenzahl: | | 21 | 19 | 18 | 24 | 25 | 27 | 32 | 25 | 35 | 33 | 27 | 37 | 39 | 37 | 44 | 43 | 37 |
| *Bäume und Sträucher:* | | | | | | | | | | | | | | | | | | |
| [Pinus silvestris | B] | 4 | 4 | 4 | 4 | 4 | 4 | 4 | 4 | 3 | 4 | 4 | 4 | 4 | 4 | 4 | 4 | 4 |
| Pinus silvestris | S | + | | + | + | + | + | | + | + | + | | + | | + | + | + | |
| Betula pendula | B | + | + | 1 | 1 | 1 | 1 | 2 | | 2 | + | + | 2 | + | + | 1 | | 2 |
| Betula pendula | S | | | | + | 1 | + | 1 | | + | + | | + | | + | + | + | + |
| Quercus robur | B | 2 | + | | 1 | | 1 | + | 2 | 3 | | 1 | + | + | + | | | + |
| Quercus robur | S | + | | | + | | + | + | + | | | + | | | + | + | + | + |
| Fagus silvatica | B | 1 | | | | | | | 2 | | | + | | + | 1 | | 1 | |
| Fagus silvatica | S | + | | | | | | | + | | | | | + | | | + | |
| Quercus petraea | B | | | | | + | | 1 | 1 | | | | | + | | | | |
| Quercus petraea | S | | | | | + | | | + | | | | | | | | | |
| Sorbus aucuparia | S | | | | + | | | | | + | | + | | | + | 1 | + | |
| d: Rhamnus frangula | | | | | | | | | | | | | | | 1 | 1 | + | |
| *Bodenflora:* | | | | | | | | | | | | | | | | | | |
| Kenn- und Trennarten der Gesellschaft: | | | | | | | | | | | | | | | | | | |
| Sieglingia decumbens | | | + | + | + | + | + | + | + | + | + | + | + | + | + | + | + | + |
| Hieracium pilosella | | + | | | + | + | + | + | + | + | + | | + | + | + | + | + | + |
| Rumex acetosella | | | | + | + | + | + | + | + | + | + | + | + | + | + | + | + | + |
| Veronica officinalis | | + | | | | | + | + | + | + | 1 | + | + | + | + | + | + | + |
| Viola canina | | | | | | | + | + | + | + | + | | + | + | + | | + | + |
| Holcus mollis | | + | | | + | | | | | + | + | + | | + | | + | 1 | + |
| Melampyrum pratense | | | + | | | | 1 | 2 | + | 1 | | | + | | | | | 2 |
| Genista pilosa | | | + | | 1 | | | | | | + | | | | | + | | |
| Hieracium laevigatum | | | | | | | | | | | | | + | | + | + | | |
| Hieracium lachenalii | | | | | | + | + | | | | + | | | + | + | | + | |
| Trennarten der Untereinheiten: | | | | | | | | | | | | | | | | | | |
| D: Euphorbia cyparissias | | | | | | | | + | | + | + | | + | + | + | + | + | + |
| Linaria vulgaris | | | | | | | | | | + | + | + | + | + | + | + | + | + |
| Galium verum | | | | | | | | | | + | + | + | + | | + | + | | + |
| Calamagrostis epigeios | | | | | | | | | | + | | 1 | | + | 2 | 1 | 2 | |
| Galeopsis tetrahit | | | | | | | | | | | + | | + | | + | + | + | + |
| Pimpinella saxifraga | | | | | | | | | | + | + | | + | + | | | + | |
| Rubus idaeus | | | | | | | | | | | | + | + | | 2 | 1 | + | |
| Fragaria vesca | | | | | | | | | | | | | | | + | + | | + |
| d: Rubus fruticosus coll. | | | | | | | | | + | | | | | | + | + | + | + |
| Moehringia trinervia | | | | | | | | | | | | | | | + | + | + | + |
| Juncus effusus | | | | | | | | | | | | | | | | + | + | + |
| Athyrium filix femina | | | | | | | | | | | | | | | | + | | + |
| Übrige Arten: | | | | | | | | | | | | | | | | | | |
| Carex pilulifera | | + | + | 1 | 1 | + | + | + | + | + | + | + | + | + | + | + | + | + |
| Agrostis tenuis | | + | + | + | 1 | 1 | 2 | 1 | + | + | + | 1 | + | 1 | + | 2 | 2 | 2 |
| Festuca ovina | | 2 | + | 2 | 3 | 2 | 3 | 3 | 2 | 3 | 3 | | 3 | 3 | 3 | + | 2 | 3 |
| Deschampsia flexuosa | | + | + | + | + | + | 1 | + | | + | + | 3 | + | + | + | 3 | 3 | + |

| Aufnahme-Nr.: | 1 | 2 | 3 | 4 | 5 | 6 | 7 | 8 | 9 | 10 | 11 | 12 | 13 | 14 | 15 | 16 | 17 |
|---|---|---|---|---|---|---|---|---|---|---|---|---|---|---|---|---|---|
| Artenzahl: | 21 | 19 | 18 | 24 | 25 | 27 | 32 | 25 | 35 | 33 | 27 | 37 | 39 | 37 | 44 | 43 | 37 |
| Anthoxanthum odoratum | + | + | | + | + | + | + | + | + | + | + | + | + | + | + | + | + |
| Vaccinium myrtillus | | 1 | + | + | + | 1 | 1 | 2 | + | + | + | | + | 2 | | + | + |
| Hypericum perforatum | + | | | + | + | + | + | + | + | + | | + | + | | + | + | 1 |
| Calluna vulgaris | | + | + | + | + | + | 1 | + | + | | | + | | + | | | + |
| Senecio silvaticus | | | + | + | | | + | | + | + | + | + | | | + | + | + |
| Campanula rotundifolia | | | | | | + | + | + | | + | | + | + | | + | + | + |
| Dryopteris spinulosa | | | | | | | | + | | | + | + | + | + | + | 1 | + |
| Luzula pilosa | + | | | | + | | + | | + | | + | | + | | + | + | |
| Luzula multiflora et camp. | + | | | + | + | | + | | + | + | | | | | | + | |
| Viola silvestris | | + | | | | | | + | | | + | | | | + | + | + |
| Hieracium silvaticum | + | | | | | | + | | + | | | + | + | | | | |
| Carex leporina | | | | | + | | | | | | | | + | | + | + | |
| Carex arenaria | | | | | + | + | | | | | | | + | | | | |
| Polygonatum odoratum | | | | | | + | | | | | | + | | | | | |
| Festuca heterophylla | | | | | | | | + | | | | | | | | + | |
| Silene nutans | | | | | | | | | | + | | + | | | | | |
| Molinia coerulea | | | | | | | | | | + | | | + | | | | |
| Anthericum ramosum | | | | | | | | | | | | + | + | | | | |
| Lonicera periclymenum | | | | | | | | | | | | | + | 1 | | | |
| Entodon schreberi | 3 | 3 | 2 | 1 | 2 | 4 | 2 | 2 | 4 | 3 | 3 | 1 | 3 | 4 | 4 | 3 | 4 |
| Dicranum undulatum | 2 | 2 | 2 | 2 | 3 | 2 | 4 | 1 | 3 | 1 | 2 | + | 2 | 2 | 1 | | 1 |
| Hypnum cupressiforme | | 2 | 4 | 4 | 3 | 2 | 2 | | 1 | 4 | | 1 | 3 | | 2 | 1 | 3 |
| Leucobryum glaucum | | + | 1 | 2 | + | 1 | + | | 3 | 1 | | 2 | 1 | | 1 | | + |
| Polytrichum attenuatum | + | 1 | | | + | + | 1 | | + | | + | | + | + | 1 | 1 | 1 |
| Scleropodium purum | 1 | 1 | | | | | | 3 | | | 3 | | + | 2 | 2 | 4 | 2 |
| Dicranum scoparium | | | 1 | | + | | 1 | | + | 1 | | 1 | + | | + | + | |
| Cladonia spec. | | | | + | | | | | + | | | | | | | | |

ferner: Hylocomium splendens + (1); Monotropa hypopitys + (7); Poa pratensis + (7); Filipendula hexapetala + (9); Achillea millefolium + (11); Dactylis glomerata + (11); Sedum maximum + (12); Ceratodon purpureum + (12); Mycelis muralis + (14); Dryopteris linnaeana + (14); Stellaria graminea + (15); Gnaphalium silvaticum + (15); Carex hirta 2 (16).

Bodenprofil Nr. 15 — Aufgenommen am 20. 8. 1950

| Bestand: 92jähr. Kiefer Eiche (Birke) | Mechanische Analyse Anteile in % | | | | Aziditäts-Verhältnis | | Austausch- | | Glühverlust |
|---|---|---|---|---|---|---|---|---|---|
| | Kies | Grobsand | Feins. Staub | Schluff Ton | pH $H_2O$ | pH KCl | Azid. ccm | Kalk mval | % |
| 1 cm Streu | | | | | | | | | |
| $A_0$ 0,5—2 cm Graswurzelhumus | | | | | | | | | |
| $A_1$ 0—17 cm bräunlich-schwarzgrauer humoser Feinsand, leicht gebleicht | 0,9 | 37,1 | 56,4 | 5,6 | 4,3 | 3,9 | 9,9 | 0,6 | 7,6 |
| ($B_1$) 17—50 cm graubräunlicher Feinsand | 1,0 | 38,9 | 58,9 | 1,2 | 4,3 | 4,0 | 2,8 | 0,4 | 3,7 |
| (BC) 50—80 cm hellbräunlicher Mittelsand | 0,5 | 59,4 | 39,8 | 0,3 | 6,0 | 5,1 | 0,7 | 0,3 | 0,3 |
| $C_1$ 80—130 cm gelblichgrauer Mittelsand, schwach eisenhaltig | 0,7 | 73,5 | 25,6 | 0,2 | 4,6 | 4,3 | 1,0 | 0,3 | 0,2 |
| $C_2$ 130—150 cm gelblich-rostfarbener Grobsand, kies- und geröllhaltig | 9,7 | 86,0 | 4,2 | 0,1 | 4,1 | 3,8 | 1,5 | 0,1 | 0,7 |

Deutlich kommt die sprunghafte Zunahme des Grobsand-Kiesanteils im rostfarbenen $C_2$-Horizont zum Ausdruck, und auch in diesem Falle ist eine Zunahme der Azidität wie des Glühverlustes in der Rostkiesschicht feststellbar.

Im allgemeinen sind die Aziditätsverhältnisse etwas günstiger als im Heidelbeer-Buchenwald (Tab. 16). Nur selten ist eine Humusauflage vorhanden. Neben der podsoligen oligotrophen Braunerde trifft man gelegentlich auch schwach podsolierte Böden mit bandartigen Eisenanreicherungszonen im Unterboden oder podsolige Ranker bei jungen Dünenprofilen (s. Bodenprofil Nr. 16).

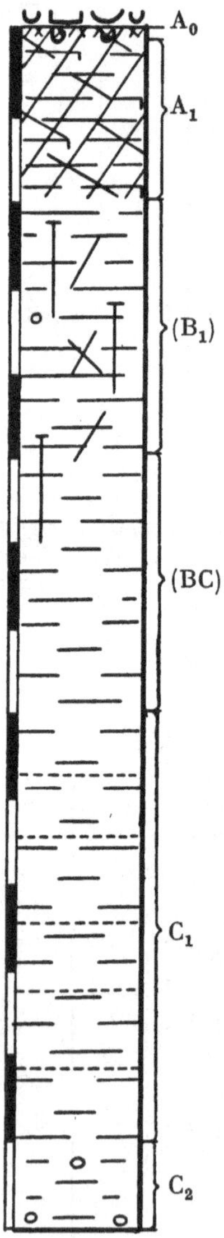


Bodenprofil Nr. 15

Lage: ebene Hochflächenlage in größerer Entfernung vom Taldiluvium (Abt. 25 a[2])

Vegetation: Kiefern-Eichenmischbestand, Euphorbia cyparissias-Subass. (Ges.-Tab. VII, 9)

Geologisches Substrat: Geschiebesand über Spatsand und Rostkies

Bodentyp: podsolige oligotrophe Braunerde

Standortsbeurteilung: mäßig trockener Feinsandstandort mittelmäßiger Ertragsleistung in ebener Hochflächenlage mit wachstumsfördernder Rostkiesschicht im Untergrund.

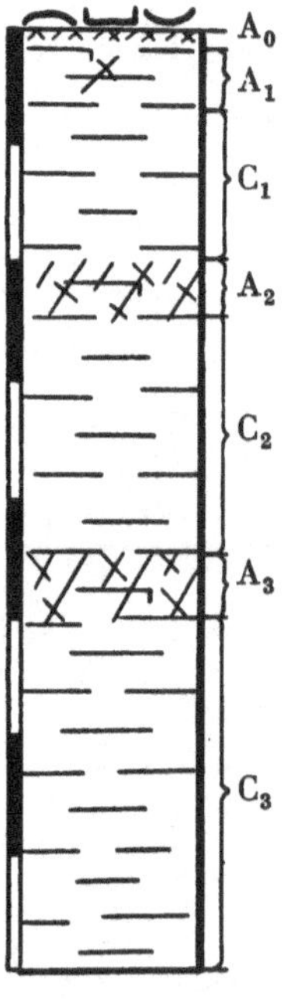


Bodenprofil Nr. 16

Lage: 5 m hoher Dünenrücken am Rande des Taldiluviums (Abt. 75 a[2])

Vegetation: Kiefern-Eichen-Naturverjüngung nach Waldbrand (typische Subass.)

Geologisches Substrat: Dünensand

Bodentyp: mehretagiger podsoliger Ranker

Standortsbeurteilung: mäßig trockener Dünenkuppenstandort mäßiger Ertragsleistung im Unterboden mit alten übersandeten Humushorizonten als wachstumsfördernden Schichten.

*Tabelle 16:*
*Zusammenstellung von pH-Werten aus Bodenprofilen im Traubeneichenwald-Birkenwald*

| pH-(Sommer)Werte in KCl | | | | Mittel |
|---|---|---|---|---|
| Jagen | 14 | 38 | 78 | |
| $A_1$ | 3,1 | 3,2 | 3,9 | 3,4 |
| $(B_1)$ | 3,9 | 4,2 | 4,4 | 4,2 |
| $(B_2)$ | 4,0 | 4,4 | | 4,2 |
| C | 4,5 | | 4,6 | 4,6 |

## Gesellschaftsvergleich

Aus dem östlichen Raum sind ähnliche Wälder schon wiederholt, so von HARTMANN (1933/34), LIBBERT (1933), PREISING (1943), SCAMONI (1954 a), MATUSZKIEWICZ (1953 und 1954), beschrieben worden. Von diesen unterscheidet sich die hiesige Ausbildungsform durch das häufige Vorkommen von Birke, das Fehlen von *Calamagrostis arundinacea* u. a., weshalb sie vorerst noch zum *Violo-Quercetum* zu stellen ist.

## *4. Kiefernwälder*

### (*Pinion silvestris*)

Natürliche Kiefernwälder begegnen uns auf armen Standorten im Höhendiluvium in den Ausbildungen des Moos- und Flechten-Kiefernwaldes.

### a) Moos-Kiefernwald

#### (*Dicrano-Pinetum*)

Auf armen Sandböden treten im Revier stellenweise moosreiche Kiefernwälder auf. Die Kiefer ist die natürliche Hauptholzart und wird lediglich von der Sandbirke begleitet (s. Ges.-Tab. VII). Jungwuchs kommt nur noch spärlich unter dem Kronenschirm des Bestandes auf. Gering ist auch die Zahl der Blütenpflanzen. In der nahezu geschlossenen Moosschicht sind *Dicranum undulatum*, *Entodon schreberi*, *Hypnum cupressiforme* und *Leucobryum glaucum* die wichtigsten Vertreter. — Untereinheiten lassen sich im Gebiet nicht mit Sicherheit abgrenzen. — Der Moos-Kiefernwald ist wohl als westliche Form eines verarmten Beerkraut-Kiefernwaldes anzusehen. Die Aufnahmen der Ges.-Tab. VIII stammen aus den Abteilungen: 18, 25, 27, 39 und 50.

*Gesellschafts-Tabelle VIII: Moos-Kiefernwald*
*Dicrano-Pinetum*

| Aufnahme-Nr.: | | 1 | 2 | 3 | 4 | 5 | 6 | 7 |
|---|---|---|---|---|---|---|---|---|
| Artenzahl: | | 7 | 9 | 7 | 8 | 11 | 10 | 11 |
| *Bäume und Sträucher:* | | | | | | | | |
| Pinus silvestris | B | 4 | 5 | 4 | 4 | 4 | 4 | 4 |
| Betula pendula | B | | + | + | + | | | 1 |
| Betula pendula | S | | | | + | | | + |
| *Bodenflora:* | | | | | | | | |
| Kenn- und Trennarten der Gesellschaft: | | | | | | | | |
| Dicranum undulatum | | 2 | 3 | 4 | + | 1 | 1 | 3 |
| Vaccinium myrtillus | | + | + | + | | + | | |
| Ptilidium ciliare | | | + | | | | | 2 |
| Monotropa hypopitys var. hirsuta | | | | | | + | | |
| Übrige Arten: | | | | | | | | |
| Deschampsia flexuosa | | + | 1 | | | + | + | |
| Festuca ovina | | | | | + | + | + | |
| Carex pilulifera | | | | | | + | + | |
| Calluna vulgaris | | | | + | | + | + | |
| Entodon schreberi | | 4 | 2 | 1 | + | 3 | 1 | 1 |
| Hypnum cupressiforme | | 2 | 1 | | 3 | 4 | 5 | 3 |
| Leucobryum glaucum | | 1 | + | 3 | | 1 | 1 | + |

ferner:
Rumex acetosella +(4); Polytrichum attenuatum +(4); Dicranum scoparium +(6); Cladonia silvatica 1(7);

### b) Flechten-Kiefernwald (*Cladonio-Pinetum*)

#### Gesellschaftsaufbau und Untereinheiten

Die ärmsten Standorte tragen im Revier niedrige Kiefernbestände (IV. Ertragsklasse), in denen die Sandbirke noch als Mischholz vorkommt (s. Ges.-Tab. IX). Unter den wenigen Blütenpflanzen ist das Heidekraut noch am häufigsten zu finden. Eine nahezu geschlossene Moosdecke bilden *Leucobryum glaucum*, *Dicranum*-, *Hypnum*- und *Cladonia*-Arten.

Von der normalen Ausbildungsform, die von Flechten beherrscht wird, läßt sich im Gebiet eine astmoosreiche Untereinheit mit einer *Festuca-ovina*-Ausbildungsform abgrenzen.

Die Aufnahmen der Ges.-Tab. IX stammen aus den Abteilungen: 24, 25, 26, 40, 42, 43, 80 und 89.

*Gesellschafts-Tabelle IX: Flechten-Kiefernwald (Cladonio-Pinetum)*

| Aufnahme-Nr.: | 1 | 2 | 3 | 4 | 5 | 6 | 7 | 8 | 9 | 10 | 11 | 12 | 13 | 14 | 15 |
|---|---|---|---|---|---|---|---|---|---|---|---|---|---|---|---|
| Artenzahl: | 11 | 12 | 13 | 15 | 12 | 11 | 8 | 11 | 10 | 7 | 7 | 7 | 6 | 5 | 7 |
| *Bäume:* | | | | | | | | | | | | | | | |
| Pinus silvestris B | 4 | 4 | 4 | 4 | 4 | 4 | 4 | 4 | 4 | 4 | 4 | 4 | 4 | 4 | 4 |
| Betula pendula B | + | | 1 | + | + | + | | + | + | + | + | + | + | | + |
| *Bodenflora:* | | | | | | | | | | | | | | | |
| Kenn- und Trennarten der Gesellschaft: | | | | | | | | | | | | | | | |
| Cladonia silvatica | + | 1 | + | + | + | + | 3 | 2 | 3 | 2 | 2 | 3 | 4 | 2 | 1 |
| Cladonia rangiferina | | + | + | | + | | 1 | 1 | + | 1 | 1 | 2 | 1 | | |
| Dicranum spurium | + | + | + | 1 | + | 1 | + | + | | | | + | | | |
| Trennarten der Untereinheiten: | | | | | | | | | | | | | | | |
| D: Hypnum cupressiforme | 5 | 2 | 4 | 4 | 4 | 5 | 2 | + | + | | | | | | |
| Dicranum undulatum | 3 | + | 2 | 1 | 2 | 1 | | | + | | | | | | |
| Entodon schreberi | 1 | + | | | 2 | 1 | | 1 | + | | | | | | |
| d: Festuca ovina | + | 1 | 1 | + | + | | | | | | | | | | |
| Carex pilulifera | + | | + | + | + | | | | | | | | | | |
| Vaccinium myrtillus | | + | + | + | | | | | | | | | | | |
| Deschampsia flexuosa | + | | | + | | | | | | | | | | | |
| Übrige Arten: | | | | | | | | | | | | | | | |
| Calluna vulgaris | + | + | | + | | + | + | + | + | + | + | | | + | + |
| Rumex acetosella | | + | + | + | | + | | | | | | | | | |
| Leucobryum glaucum | | 3 | | 1 | 1 | 1 | 2 | 3 | 3 | 2 | 3 | 3 | 3 | 2 | + |
| Dicranum scoparium | | | 1 | 3 | 2 | | 1 | 4 | 1 | 3 | 1 | + | + | 1 | 4 |

ferner:

Ptilidium ciliare +(8).

Gesellschaftsvergleich

Wie ich an anderer Stelle (1956) dargelegt habe, ist der Flechten-Kiefernwald sowohl in floristischer wie ökologischer Hinsicht eine selbständige Einheit. Die hiesigen Aufnahmen stellen eine westliche, artenmäßig verarmte Ausbildung der Gesellschaft dar. Als Trennarten dieser westlichen Rasse sind wohl *Leucobryum glaucum* und *Hypnum cupressiforme* mit subatlantischem Verbreitungsschwerpunkt anzusehen.

Gesellschaftshaushalt

Der Flechten-Kiefernwald besiedelt im Untersuchungsgebiet extrem trockene Standorte, wie sie durchlässige Sande (Spat- und Dünensande) in z. T. noch exponierter Lage ergeben. Diese zugleich auch basenarmen Sande sind im Gebiet meist podsoliert, allerdings ist die Anreicherungszone nur schwach ausgebildet. Als Beispiel hierfür diene das Profil Nr. 17 aus Abteilung 26:

Bodenprofil Nr. 17 Aufgenommen am 24. 11. 1950

| Bestand: 67jähr. Kiefer | Mechanische Analyse Anteile in % | | | | Aziditäts-Verhältnisse | | Austausch- | | Glühverlust |
|---|---|---|---|---|---|---|---|---|---|
| | Kies | Grobsand | Feins. Staub | Schluff Ton | pH $H_2O$ | pH KCl | Azid. ccm | Kalk mval | % |
| 1 cm Streu<br>$A_0$ 2,5—3 cm Flechten-Rohhumus | | | | | | | | | |
| $A_{1/2}$ 0—7 cm grauer Bleichsand, oben humushaltig | — | 88,7 | 6,9 | 4,4 | 4,2 | 3,1 | 7,4 | 0,3 | 2,0 |
| $B_1$ 7—47 cm bräunlichgrauer Mittelsand, mit hellen Flekken und dunklen z. T. verhärteten Orterdenestern | — | 88,3 | 9,7 | 2,0 | 4,9 | 4,2 | 4,5 | 0,2 | 0,6 |
| $B_2$ 47—70 cm gelblichgrauer, braunfleckiger Mittelsand, geschichtet | — | 87,8 | 10,7 | 1,5 | 5,4 | 4,9 | — | 0,1 | 0,4 |
| C 70—100 cm hellgrauer, geschichteter Mittelsand | — | 94,0 | 5,5 | 0,5 | 5,7 | 4,9 | — | 0,2 | 0,3 |

Deutlich kommt in diesem Profil die Gleichkörnigkeit des Sandes zum Ausdruck; eine Podsolierung ist optisch nur schwach wahrnehmbar. Die Aziditätswerte deuten darauf hin, daß deren Einfluß nur bis 50 cm Tiefe reicht. Bezeichnend für die Basenarmut des Ausgangsmaterials sind die minimalen Austauschkalkwerte im Untergrund.

Bodenprofil Nr. 17

Lage: Ebene Hochflächenlage im Höhendiluvium (Abt. 26)

Vegetation: Kiefernbestand, Festuca-Variante (Ges.-Tab. IX, 5)

Geologisches Substrat: Dünensand über Spatsand

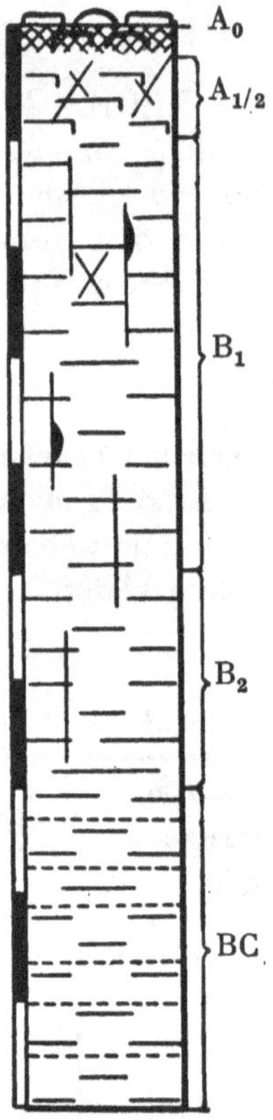


Bodentyp: Schwach ausgebildetes Humuseisenpodsol
Standortsbeurteilung: Trockener, podsolierter Mittelsandstandort geringer Ertragsleistung in grundwasserferner, ebener Lage.

### 5. *Eichen-Hainbuchenwälder* (*Stellario-Carpinetum*)

Auch die reicheren Laubmischwälder lassen verschiedene selbständige Einheiten erkennen. So ist zwischen den Formen einer reicheren und ärmeren Ausbildung des Stieleichen-Hainbuchenwaldes und dem Traubeneichen-Hainbuchenwald zu unterscheiden.

#### a) Waldziest-Stieleichen-Hainbuchenwald (*Stachys-Gruppe*)

Gesellschaftsaufbau und Untereinheiten

Auf reichen Grundwasserböden bilden Stieleiche, Hainbuche, in der weniger feuchten Ausbildungsform auch Buche, den Grundbestand, in dem von Natur aus Erle, Esche und Bergahorn als Mischhölzer vorkommen (s. Ges.-Tab. X). Weißdorn, Hasel und Pfaffenhütchen sind neben dem Holzartenjungwuchs die Vertreter der Strauchschicht (s. Tafel V, 2). Der Aspekt der Bodenflora wird im Frühjahr von *Anemone nemorosa* und *Ranunculus ficaria* bestimmt, im Sommer treten anspruchsvolle Gräser und Kräuter wie *Deschampsia caespitosa*, *Festuca gigantea*, *Milium effusum*, *Poa nemoralis*, *Stellaria holostea*, *Viola silvatica*, *Lamium galeobdolon*, *Stachys silvatica*, in den Vordergrund. Moose sind nur spärlich vertreten (*Catharinea undulata*, *Eurhynchium*-Arten).
Vom Typus der Gesellschaft (*typicum*) läßt sich die Untergesellschaft der feucht-nassen Böden (*filipenduletosum*) durch Erle und Erlen-Begleiter, wie *Eurhynchium*, *Athyrium*, *Circaea lutetiana*, *Mnium undulatum*, *Galium palustre*, *Filipendula ulmaria*, *Lysimachia vulgaris* abgrenzen. Teilweise beschränken sich die genannten Trennarten auf eine zum Erlen-Eschenwald überleitende *Scutellaria*-Variante. Die Aufnahmen der Ges.-Tab. X stammen aus den Abteilungen: 52, 63, 94 und 96.

Gesellschaftshaushalt

Reiche Stieleichen-Hainbuchenwälder stocken im Gebiet auf lehmbeeinflußten Grundwasserböden (s. Bodenprofil Nr. 20) oder aber auf guten Sanden mit nährstoffreichem Grundwasser. So stammt beispielsweise Aufnahme Nr. 3 (Ges.-Tab. X) von einem anlehmigen Talgeschiebesand, dessen Grundwasser 230 mg CaO/l enthielt. Der Höchststand des Grundwassers lag hier 15 cm unterhalb der Bodenoberfläche (s. Bodenprofil Nr. 18). In der typischen Untergesellschaft steigt der Grundwasserspiegel nur bis 30/40 cm Bodentiefe an. Als Durchschnittsprofil sei das zu Aufnahme 5 (Ges.-Tab. X) gehörige Bodenprofil Nr. 19 aus Abteilung 52 angeführt.

*Gesellschafts-Tabelle X: Waldziest-Stieleichen-Hainbuchenwald*
*(Stellario-Carpinetum, Stachys-Gruppe)*

| Aufnahme-Nr.: | | 1 | 2 | 3 | 4 | 5 | 6 |
|---|---|---|---|---|---|---|---|
| Artenzahl: | | 47 | 42 | 30 | 28 | 32 | 21 |
| *Bäume und Sträucher:* | | | | | | | |
| Quercus robur | B | 4 | 2 | 4 | 1 | + | 4 |
| Quercus robur | S | + | | | | | |
| Carpinus betulus | B | | 1 | 2 | 3 | 3 | 4 |
| Carpinus betulus | S | 1 | 1 | 1 | 1 | 1 | 2 |
| Fagus silvatica | B | | 1 | | 3 | 3 | 1 |
| Fagus silvatica | S | + | + | | | | + |
| D Alnus glutinosa | B | 1 | 2 | 1 | 1 | | |
| Alnus glutinosa | S | + | | 1 | + | | |
| Sorbus aucuparia | B | | + | | | | |
| Sorbus aucuparia | S | + | + | 1 | + | | |
| Acer pseudoplatanus | B | | + | | | | + |
| Acer pseudoplatanus | S | | 3 | | | | |
| Fraxinus excelsior | S | | | 1 | | + | |
| Populus tremula | S | | | | + | | |
| Crataegus spec. | | + | + | + | | | |
| Rhamnus frangula | | + | 1 | | | | |
| Corylus avellana | | | 1 | | | | |
| Rosa canina | | + | | | | | |
| Rhamnus catharticus | | + | | | | | |
| Euonymus europaeus | | + | | | | | |
| *Bodenflora:* | | | | | | | |
| Kenn- und Trennarten der Gesellschaft: | | | | | | | |
| Festuca gigantea | | 2 | 1 | + | 2 | 2 | |
| Stachys silvatica | | + | + | + | | + | + |
| Lamium galeobdolon | | | | 1 | 1 | 3 | 2 |
| Ranunculus ficaria | | | 1 | | | 1 | |
| Adoxa moschatellina | | | | | | 1 | + |
| Carex silvatica | | | | | | | + |
| Trennarten der Untereinheiten | | | | | | | |
| D: Eurhynchium spec. | | 1 | + | + | + | | |
| Athyrium filix femina | | + | + | | + | | |
| Circaea lutetiana | | | + | 1 | | | |
| Mnium undulatum | | + | | + | | | |
| Galium palustre | | 1 | | + | | | |
| d: Filipendula ulmaria | | 3 | + | | | | |
| Scutellaria galericulata | | 1 | + | | | | |
| Lysimachia vulgaris | | + | 1 | | | | |
| Mnium affine spec. | | + | + | | | | |
| Urtica dioica | | + | 1 | | | | |
| Galium aparine | | + | + | | | | |
| Geranium robertianum | | + | + | | | | |
| Cirsium palustre | | | + | | | | |

*Gesellschafts-Tabelle X: Waldziest-Stieleichen-Hainbuchenwald — Fortsetzung*

| Aufnahme-Nr.: | 1 | 2 | 3 | 4 | 5 | 6 |
|---|---|---|---|---|---|---|
| Artenzahl: | 47 | 42 | 30 | 28 | 32 | 21 |
| Kennarten höherer Ordnung: | | | | | | |
| Viola silvatica | + | 1 | + | + | 1 | + |
| Anemone nemorosa | + | 3 | 1 | | 1 | 2 |
| Stellaria holostea | 2 | | 3 | 3 | 4 | 1 |
| Milium effusum | 1 | 3 | 2 | 2 | 3 | 1 |
| Poa nemoralis | 1 | 1 | + | 2 | + | |
| Scrophularia nodosa | + | + | + | | | + |
| Moehringia trinervia | + | + | | + | 1 | |
| Mycelis muralis | | + | | 1 | + | |
| Geum urbanum | | 1 | | | + | |
| Catharinea undulata | | 1 | | 2 | + | |
| Glechoma hederacea | + | | | | | |
| Ranunculus auricomus | + | | | | | |
| Brachypodium silvaticum | 1 | | | | | |
| Hieracium silvaticum | | | | + | | |
| Melica nutans | | | | | 1 | |
| Carex digitata | | | | | + | |
| Aegopodium podagraria | | | | | | + |
| Impatiens noli tangere | | | | | | + |
| Eurhynchium striatum | 1 | | | | | |
| Vicia sepium | + | | | | | |
| Übrige Arten: | | | | | | |
| Deschampsia caespitosa | 3 | 2 | 4 | 1 | 1 | + |
| Galeopsis tetrahit et spec. | + | + | + | + | + | + |
| Polygonum dumetorum | + | + | + | + | 1 | |
| Oxalis acetosella | + | 2 | 2 | + | | + |
| Dryopteris spinulosa | + | + | + | | + | |
| Dactylis glomerata | | | 1 | + | + | + |
| Rubus idaeus | 3 | 2 | | 1 | + | |
| Rubus fruticosus coll. | + | 1 | + | | + | |
| Luzula pilosa | | | | 1 | + | + |
| Majanthemum bifolium | | + | + | 1 | | |
| Polytrichum attenuatum | | | + | 1 | | |
| Veronica chamaedrys | | | | | 1 | |
| Holcus mollis | | | 1 | | 1 | |

ferner:

Lysimachia nummularia 2 (1); Ranunculus repens + (1); Agrostis alba 2 (1); Juncus effusus + (1); Betula pubescens 1 (2); Lophocolea bidentata + (2); Brachythecium spec. + (2); Crepis paludosa + (3); Dicranella heteromalla 1 (4); Taraxacum officinale + (5); Fragaria vesca + (5); Lonicera periclymenum + (6).

Bodenprofil Nr. 18

Lage: Talsandgebiet in der Gloine-Niederung (Abt. 94 a[1])

Vegetation: Eichen-Hainbuchenmischbestand, *Filipendula-Subass.* (Ges.-Tab. X, 3)

Geologisches Substrat: Talgeschiebesand

Bodentyp: Mesotropher Grauglei

Standortsbeurteilung: Feucht-nasser, lehmiger Talsandstandort hoher Ertragsleistung mit bewegtem kalkreichem Grundwasser (230 mg CaO/l)

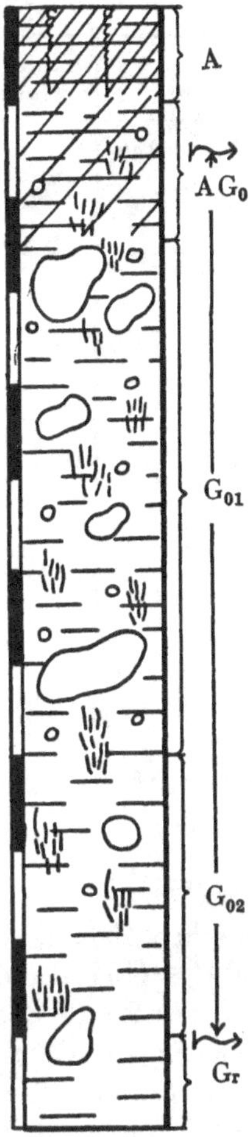


Bodenprofil Nr. 18

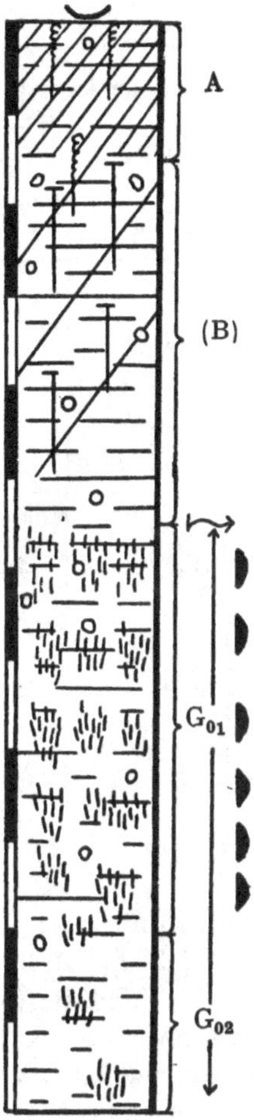


Bodenprofil Nr. 19

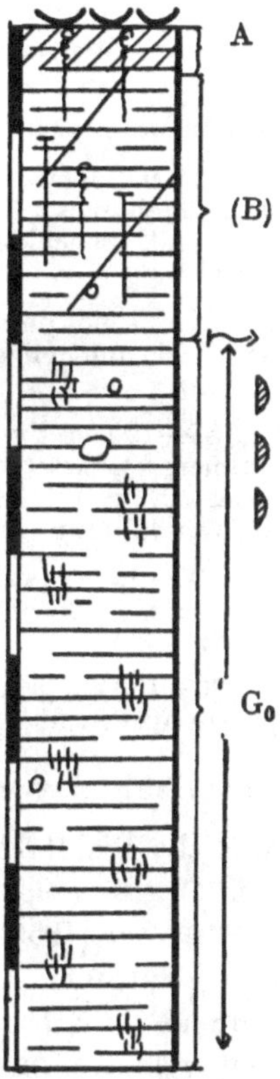


Bodenprofil Nr. 20

Bodenprofil Nr. 19
Lage: Talsandgebiet in der Geuenbach-Niederung (Abt. 52b[1])
Vegetation: Buchen-Hainbuchenbestand, typische Subass. (Ges.-Tab. X, 5)
Geologisches Substrat: Talgeschiebesand
Bodentyp: Mesotropher feuchter Braunglei
Standortsbeurteilung: Feuchter, lehmiger Talsandstandort hoher Ertragsleistung mit bewegtem kalkreichem Grundwasser. Raseneisensteinbank in 55—100 cm Tiefe.

Bodenprofil Nr. 20
Lage: Am Rande des Talsandgebietes der Geuenbach-Niederung (Abt. 52b[2])
Vegetation: Eichen-Hainbuchenbestand, typische Subass. (Ges.-Tab. X, 6)
Geologisches Substrat: Geschiebelehm
Bodentyp: eutropher, feuchter Braunglei
Standortsbeurteilung: Schwach wechselfeuchter Lehmstandort bester Ertragsleistung mit zeitweilig bis in den Unterboden reichendem Grund- und Stauwassereinfluß.

Bodenprofil Nr. 19 Aufgenommen am 21. 6. 1950

| | Mechanische Analyse | | | | Aziditätsverhältnisse | | | | Glühverlust |
|---|---|---|---|---|---|---|---|---|---|
| Bestand: 105jähr. Buche-Hainbuche (Stieleiche-Esche) | Anteile in % | | | | | | Austausch- | | % |
| | Kies | Grob-sand | Feins. Staub | Schluff Ton | pH $H_2O$ | pH KCl | Azid. ccm | Kalk mval | |
| 0—1 cm letztjähr. Streu | | | | | | | | | |
| A 0—15 cm schwärzlichbrauner, humoser anlehmiger Sand, bleichkorn- und kieshaltig | 4,4 | 59,3 | 25,1 | 11,2 | 4,6 | 3,5 | 1,0 | 10,1 | 15,2 |
| (B) 15—55 cm dunkelbrauner, stark anlehmiger Sand, kieshaltig | 6,5 | 55,9 | 25,2 | 12,4 | 4,8 | 3,7 | 0,8 | 6,4 | 9,8 |
| $G_{o_1}$ 55—100 cm dunkelrostbrauner, verhärteter Raseneisenstein mit Kies- und Grobsandfüllung | 12,0 | 75,6 | 10,6 | 2,8 | 4,4 | 3,9 | 0,3 | 2,9 | 1,4 |
| $G_{o_2}$ 100—120 cm weißgrauer Grobsand, schwach rostfleckig. | 1,1 | 68,9 | 27,5 | 2,5 | 4,2 | 4,2 | 0,4 | 1,3 | 0,9 |
| $G_r$ 120—130 cm grauer feinkörniger Sand | | | | | | | | | |

### Gesellschaftsvergleich

Ähnliche Waldbilder wurden vornehmlich aus dem subatlantischen Gebiet, so von TÜXEN (1937), ELLENBERG (1939), LIBBERT (1939), BÜKER (1941) und LOHMEYER (1951) beschrieben. Ich fand sie (1953) aber auch am Rande des mitteldeutschen Trockengebietes. Analoge Ausbildungsformen finden wir in Nordeuropa (*Querceto-Ulmetum filipenduletosum* TÜXEN 1951), im östlichen Gebiet (vgl. LIBBERT 1933, PREISING 1943, MATUSZKIEWICZ 1952) wie auch in der Schweiz (STAMM 1938).

## b) Widerton-Stieleichen-Hainbuchenwald
## (*Stellario-Carpinetum, Dryopteris-Gruppe*)

### Gesellschaftsaufbau und Untereinheiten

Auf Grundwasserböden mittleren Nährstoffgehalts bilden Stieleiche, Buche und Hainbuche die Baumschicht (s. Ges.-Tab. XI). Vereinzelt kommen Bergahorn, Birke und Erle vor. Zum Unterschied von den reichen Eichen-Hainbuchenwäldern bleibt die Hainbuche in dieser Gesellschaft ein Halbbaum. Der Unterwuchs ist vor allem durch Eberesche und Pulverholz gekennzeichnet.

In der Bodenflora treffen wir neben *Stellaria holostea*, *Anemone nemorosa*, *Milium effusum*, *Poa nemoralis* und *Polygonatum multiflorum* auch zahlreiche säurefeste Pflanzen, von denen *Majanthemum bifolium*, *Luzula pilosa*, *Carex pululifera* und *Polytrichum attenuatum* am häufigsten sind.

Nach der Stärke des Grundwassereinflusses lassen sich drei Untergesellschaften abgrenzen. Vom Typus unterscheidet sich die Molinia-Untergesellschaft durch das Auftreten von Erle und Moorbirke in der Baumschicht sowie *Athyrium filix femina, Mnium hornum, Lysimachia vulgaris* und *Molinia coerulea* in der Bodenflora. In entgegengesetzte Richtung weist die Melampyrum-Untergesellschaft mit *Melampyrum pratense, Hieracium laevigatum, Hieracium lachenalii* und trockenresistenten Gräsern. *Poa nemoralis* und *Holcus mollis* treten hier häufig faciesbildend auf, in den feuchteren Ausbildungsformen ist vielfach *Milium effusum* aspektbestimmend. Die Aufnahmen der Ges.-Tab. XI stammen aus den Abteilungen: 36, 48, 49, 61, 84, 86, 87, 91, 93, 96 und 98.

*Gesellschafts-Tabelle XI: Widerton-Stieleichen-Hainbuchenwald*

*(Stellario-Carpinetum, Dryopteris-Gruppe)* — *Festuca-Gruppe*

| | | Dryopteris-Gruppe | | | | | | | | | | Festuca-Gruppe | | | | |
|---|---|---|---|---|---|---|---|---|---|---|---|---|---|---|---|---|
| Aufnahme-Nr.: | | 1 | 2 | 3 | 4 | 5 | 6 | 7 | 8 | 9 | 10 | 11 | 12 | 13 | 14 | 15 |
| Artenzahl: | | 24 | 31 | 32 | 18 | 27 | 22 | 20 | 22 | 27 | 23 | 22 | 27 | 24 | 19 | 26 |
| ***Bäume und Sträucher:*** | | | | | | | | | | | | | | | | |
| Carpinus betulus | B | 2 | + | 3 | 3 | 3 | 3 | 3 | 1 | 2 | 3 | 3 | 1 | 3 | 2 | 3 |
| Carpinus betulus | S | + | 1 | 1 | + | 1 | | | | + | | + | + | + | + | + |
| Fagus silvatica | B | 4 | 2 | 2 | 1 | 2 | 3 | 3 | 4 | 3 | 2 | 1 | + | 1 | | 4 |
| Fagus silvatica | S | + | 1 | | | | | | + | + | | | + | | | + |
| Quercus robur | B | | 3 | 3 | 3 | | 3 | + | 1 | 3 | 1 | 2 | 4 | 3 | 4 | 2 |
| Quercus robur | S | | + | + | + | | | | | + | | + | + | | | |
| Sorbus aucuparia | S | | + | + | | + | + | + | + | + | + | + | + | | + | |
| Acer pseudoplatanus | B | 2 | 2 | | | + | | | | | | | | | | |
| Acer pseudoplatanus | S | | + | | | 1 | | 1 | | + | | | | | | |
| $D_1$ Alnus glutinosa | B | + | + | + | | | | | | | | | | | | |
| Alnus glutinosa | S | | | + | | | | | | | | | | | | |
| $D_1$ Betula pubescens | B | + | 1 | + | | | | | | | | | | | | |
| Betula pubescens | S | | + | + | | | | | | | | | | | | |
| Betula pendula | B | | | | | | | | | | | + | | | + | |
| Betula pendula | S | | | | | | | | | | + | + | | | | |
| Rhamnus frangula | | | 1 | + | | | + | | | | + | + | | | | |
| ***Bodenflora:*** | | | | | | | | | | | | | | | | |
| Lokale Kenn- und Trennarten der Gesellschaft: | | | | | | | | | | | | | | | | |
| Carex pilulifera | | + | + | 1 | | + | + | + | 1 | + | + | | + | + | + | + |
| Polytrichum attenuatum | | + | + | + | | | | | + | + | + | 1 | 2 | 1 | 1 | |
| Holcus mollis | | | | | | + | | 1 | | 2 | 3 | 4 | 4 | 3 | 3 | + |
| Veronica officinalis | | | | + | + | | + | | | + | | | + | + | + | |
| Lonicera periclymenum | | + | + | | | 1 | | 1 | | | | + | + | | | |
| Deschampsia flexuosa | | | | | | + | | | | | + | + | | | | |
| Polygonatum multiflorum | | + | + | | + | + | + | + | + | | + | 1 | | 1 | | |
| Hieracium murorum | | | | | | | | + | + | + | + | | | | | + |
| Dryopteris filix mas | | | | | + | + | + | | | | | | | | | |
| Festuca heterophylla | | | | | | | | | | | | 1 | 1 | 2 | 2 | + |

*Gesellschafts-Tabelle XI: Widerton-Stieleichen-Hainbuchenwald. — Fortsetzung*

| Aufnahme-Nr.: | 1 | 2 | 3 | 4 | 5 | 6 | 7 | 8 | 9 | 10 | 11 | 12 | 13 | 14 | 15 |
|---|---|---|---|---|---|---|---|---|---|---|---|---|---|---|---|
| Artenzahl: | 24 | 31 | 32 | 18 | 27 | 22 | 20 | 22 | 27 | 23 | 22 | 27 | 24 | 19 | 26 |
| **Trennarten der Untereinheiten:** | | | | | | | | | | | | | | | |
| $D_1$: Athyrium filix femina | + | 2 | + | | | | + | | | | | | | | |
| Mnium hornum | 1 | + | + | | | | | | | | | | | | |
| Lysimachia vulgaris | + | + | | | | | | | | | | | | | |
| Molinea coerulea | + | + | | | | | | | | | | | | | |
| $D_2$: Melampyrum pratense | | | | | | | | + | + | 2 | 3 | 2 | 1 | + | |
| Hieracium laevigatum | | | | | | | | + | + | | + | + | + | + | + |
| Agrostis tenuis | | | | | | | | | | | 1 | 1 | 2 | 2 | + |
| Poa pratensis | | | | + | | | | + | | + | + | + | | | |
| Festuca ovina | | | | | | | | | | | | + | | + | + |
| Hieracium lachenalii | | | + | | | | | + | | 1 | | + | | | |
| Anthoxantum odoratum | | | | | | | | | | | + | | | + | |
| **Kennarten höherer Ordnung:** | | | | | | | | | | | | | | | |
| Stellaria holostea | 2 | 2 | 2 | 1 | 2 | 2 | + | 2 | 3 | 1 | 2 | 3 | 2 | + | + |
| Anemone nemorosa | 2 | | 2 | 2 | 1 | 4 | + | 1 | 2 | 1 | 1 | 1 | | | 2 |
| Milium effusum | 3 | 3 | 2 | 2 | 3 | 3 | 3 | | 3 | + | 1 | | 1 | | 2 |
| Poa nemoralis | | | 3 | | 2 | | + | 3 | 4 | + | + | | | | 4 |
| Viola silvestris | | | + | | | | + | | + | | | + | | + | |
| Mycelis muralis | | | + | + | | + | + | | + | | | | | | + |
| Moehringia trinervia | | | + | 1 | | + | | + | + | | | | | | |
| Scrophularia nodosa | | | + | | | | | | + | | | | + | | |
| Catharinea undulata | | + | | | | | | | + | | | | + | | |
| Lamium galeobdolon | | + | | + | | | | | | | | | | | |
| Melica nutans | | | | | | | | | | | | | + | | |
| **Übrige Arten:** | | | | | | | | | | | | | | | |
| Luzula pilosa | | + | + | + | + | + | + | + | + | + | + | + | 1 | + | + |
| Majanthemum bifolium | 1 | 1 | 1 | + | | 2 | + | 1 | | 1 | 1 | 1 | 2 | 2 | |
| Galeopsis tetrahit | | | + | + | | + | | | + | | | + | + | | + |
| Rubus fruticosus coll. | + | 1 | | | + | + | | | + | | | | + | | + |
| Oxalis acetosella | 3 | 2 | + | | + | 1 | + | | | | | | | | |
| Dryopteris spinulosa | + | 2 | + | + | | + | | | | | | | | | |
| Polygonum dumetorum | | | + | + | | | | | | | | | + | | + |
| Deschampsia caespitosa | + | | 1 | | + | + | | | + | | | | + | | + |
| Rubus idaeus | | + | | + | + | | | | + | | | | | | + |
| Calamagrostis epigeios | | | | | + | | | | + | | | | | | + |
| Dactylis glomerata | | | | | | | | | | + | | | + | | + |
| Juncus effusus | | + | | | + | | | | + | | | | | | + |
| Dicranella heteromalla | | + | + | | | + | | + | | | | | | | |
| Plagiothecium spec. | | | | | | | | + | | | | | | | + |
| Luzula multiflora | | | | | | | | + | | + | | | | | |
| Dicranum scoparium | | | | | | | | + | | | | + | | | |

ferner: Viburnum opulus + (1); Brachypodium silvaticum + (1); Leucobryum glaucum + (1); Eurhynchium spec. + (2); Lophocole abidentata + (2); Fraxinus excelsior B 1 (2); Ajuga reptans + (3); Carex pallescens + (3); Taraxacum officinale + (3); Ranunculus ficaria + (5); Euonymus europaeus + (5); Geranium robertianum + (5); Sambucus nigra + (5); Hedera helix 3 (5); Lathraea squammaria + (5); Hypericum perforatum + (12); Lathyrus montanus + (12); Carex hirta + (12); Entodon schreberi + (14); Veronica chamaedrys + (15).

## Gesellschaftshaushalt

Der arme Stieleichen-Hainbuchenwald besiedelt im Gebiet vornehmlich grundwasserbeeinflußte mittlere Sande. Von dieser Regel abweichend, findet sich die Molinia-Untergesellschaft auch auf tiefgründigen Torfböden im Quellmoorbereich (Aufn. 1 und 2, Ges.-Tab. XI, s. Bodenprofil Nr. 21).

Die Torfgüte (s. Tab. 17) entspricht der eines besseren Fasertorfes, der jedoch in der oberen Schicht durch aeroben Einfluß stärker zersetzt ist.

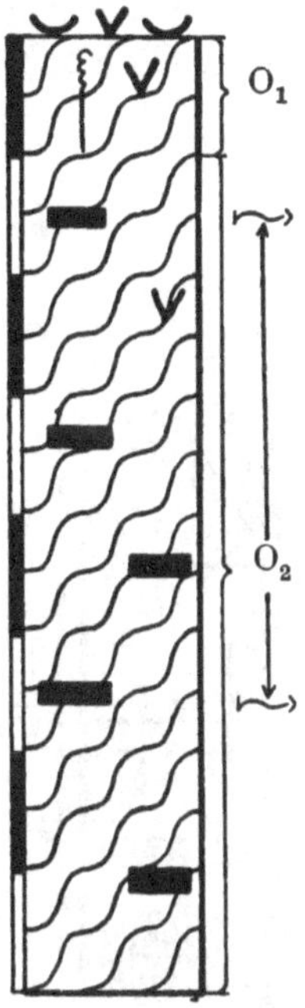


Bodenprofil Nr. 21

Lage: Quellnahe Zone des Quellmoors in Abt. 48a[2]

Vegetation: Eichenmischbestand, *Molinia-Subass.* (Ges.-Tab. XI, 2)

Geologisches Substrat: Gehängetorf

Bodentyp: Feuchtes Erlenbruchwald-Niedermoor

Standortsbeurteilung: Feucht-nasser Torfstandort guter Ertragsleistung mit mildem Feintorf und bewegtem, kalkreichem Grundwasser (100 mg CaO/l) im Unterboden.

Der Grundwasserstand reicht in der nassen Molinia-Untergesellschaft bis in den Oberboden (10—20 cm Tiefe), in der Melampyrum-Untergesellschaft bleibt er unterhalb 80—100 cm Tiefe. Als Beispiel für einen nährstoffreichen Sandboden sei das Profil Nr. 23 aus Abteilung 36 angeführt.

Bodenprofil Nr. 23 Aufgenommen am 21. 9. 1950

| | Mechanische Analyse | | | | Aziditätsverhältnisse | | | | Glühverlust |
|---|---|---|---|---|---|---|---|---|---|
| Bestand: 137jähr. Buche-Hainbuche (Stieleiche-Bergahorn) | Anteile in % | | | | | | Austausch- | | % |
| | Kies | Grobsand | Feins. Staub | Schluff Ton | pH $H_2O$ | pH KCl | Azid. ccm | Kalk mval | |
| 1 cm letztjähr. Streu | | | | | | | | | |
| AB 0—50 cm schwarzbrauner, stark humoser Mischsand, locker, kies- u. geschiebehaltig | 9,0 | 45,9 | 41,3 | 3,8 | 4,6 | 4,6 | 0,8 | 12,7 | 6,5 |
| (B) 50—80 cm hellbrauner Feinsand, locker, geschiebehaltig. | 0,7 | 46,9 | 52,1 | 0,3 | 4,8 | 4,5 | 1,5 | 1,9 | 2,2 |
| CG 80—140 cm weißgrauer Feinsand, stark glimmerhaltig, (Muskovit), unten rostbändrig | — | 41,9 | 57,9 | 0,2 | 5,5 | 5,1 | — | 0,9 | 0,4 |

Dieses Profil stellt einen der wenigen, selbst oberflächlich noch kaum degradierten Braunerdeböden im Revier dar.

Die Regel bilden hier podsolige Braunerden mit wesentlich höheren Aziditätswerten (vgl. Tab. 18).

Wo der Widerton-Stieleichen-Hainbuchenwald lehmbeeinflußte Grundwasserböden besiedelt, wird der Lehm-Horizont stets von stärkeren Sanddecken mittlerer Güte überlagert (s. Bodenprofil Nr. 22).

*Tabelle 17: Zusammenstellung einiger Analysenwerte aus Torfprofilen des Widerton-Stieleichen-Hainbuchenwaldes*

Probe aus 5—10 cm Tiefe

| Nr. | $pH_{KCl}$ | $pH_{H_2O}$ | Aschen-% |
|---|---|---|---|
| 88 | 3,1 | 4,2 | 22,8 |
| 116 | 3,2 | 4,6 | 9,6 |
| 107 | 3,2 | 4,8 | 14,3 |
| 95 | 3,3 | 4,2 | 9,2 |
| 17 | 3,5 | 4,4 | 13,4 |
| 8 | 3,9 | 5,0 | 14,5 |
| im Mittel: (6) | 3,4 | 4,5 | 14,0 |

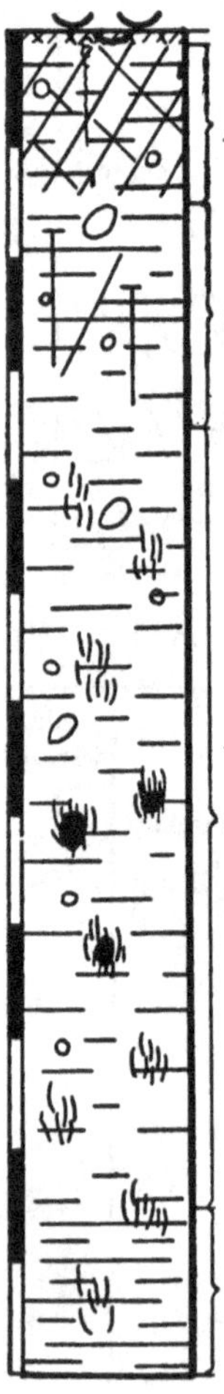


Bodenprofil Nr. 22

Lage: Talsandgebiet am Rande einer Niederung (Abt. 36 a[1])

Vegetation: Eichen-Hainbuchen-Buchenbestand, typische Subass. (Ges.-Tab. XI, 6)

Geologisches Substrat: Talgeschiebesand mit Lehmhorizont

Bodentyp: Mesotropher, feuchter Braunglei, podsolig

Standortsbeurteilung: Feuchter Talsandstandort guter Ertragsleistung mit wachstumsfördernder Lehmschicht im nahen Untergrund und bewegtem kalkreichem Grundwasser (250 mg CaO/l).

Bodenprofil Nr. 23

Lage: Am Rande einer Moränenwelle im Talsandgebiet (Abt. 36 a[4])

Vegetation: Buchen-Hainbuchenbestand, typische Subass. (Ges.-Tab. XI, 5)

Geologisches Substrat: Geschiebesand über Glimmersand

Bodentyp: Mesotropher Braunglei

Standortsbeurteilung: Frischer Mischsandstandort guter Ertragsleistung mit wachstumsfördernden Glimmersanden und bewegtem Grundwasser im nahen Untergrund.

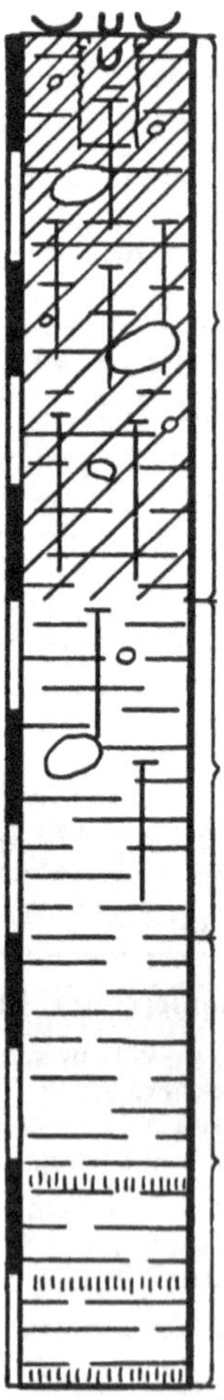

*Tabelle 18: Zusammenstellung von pH-Werten einiger mineralischer Bodenprofile im Melampyrum-Eichen-Hainbuchenwald*

pH-(Sommer-)Werte in KCl

| Abteilung | 98 | 85 | 87 | 98 | 93 | 78 | Mittel (6) |
|---|---|---|---|---|---|---|---|
| A | 3,3 | 3,3 | 3,5 | 3,7 | 3,8 | 3,7 | 3,6 |
| ($B_1$) | 3,6 | 3,6 | 3,8 | 4,1 | 3,8 | | 3,8 |
| ($B_2$) | 3,9 | 4,3 | 4,1 | | 4,4 | 4,2 | 4,2 |
| C (G) | 4,1 | 4,5 | 4,1 | 4,4 | | 4,4 | 4,3 |

## Gesellschaftsvergleich

Diese dem *Querceto-Carpinetum luzuletosum* im Hügel- und Bergland etwa entsprechende Gesellschaft wurde bisher aus dem Flachland nur selten beschrieben. Bekannt sind mir Listen von HARTMANN (1941) und PREISING (1943).

Die Zusammenstellung (Ges.-Tab. XIa) zeigt die gemeinsamen Merkmale wie auch die geographisch bedingten Abweichungen. Die Aufnahmen HARTMANNs (1941) aus Hannover gehören vornehmlich der nassen Untergesellschaft an; sie enthalten Erle, *Molinia coerulea*, *Athyrium filix femina*, *Lysimachia vulgaris*, *Calamagrostis canescens* und *Mnium hornum*.

*Gesellschafts-Tabelle XIa: Widerton-Stieleichen-Hainbuchenwald (Gesellschaftsvergleich)*

| | a | b | c | d | e |
|---|---|---|---|---|---|
| Zahl der Aufnahmen: | 13 | 15 | 11 | 5 | 12 |
| Quercus robur | V | V | V | V | V |
| Carpinus betulus | IV | V | V | V | V |
| Fagus silvatica | V | V | II | | II |
| Betula pendula et pubescens | III | II | III | III | |
| Sorbus aucuparia | II | IV | III | II | V |
| Rhamnus frangula | V | II | | II | V |
| Stellaria holostea | V | V | III | IV | IV |
| Anemone nemorosa | V | IV | IV | IV | V |
| Milium effusum | V | IV | III | V | IV |
| Poa nemoralis | II | III | V | IV | III |
| Catharinea undulata | III | I | I | III | V |
| Viola silvestris | I | II | III | V | V |
| Polygonatum multiflorum | II | IV | III | I | I |
| Dryopteris filix mas | II | I | I | III | I |
| Hieracium murorum | | II | II | II | III |
| Festuca heterophylla | | II | IV | | II |
| Polytrichum attenuatum | V | IV | II | V | V |
| Holcus mollis | IV | III | V | | IV |
| Carex pilulifera | II | V | IV | | IV |
| Melampyrum pratense | II | III | II | | III |
| Veronica officinalis | II | III | II | I | |

*Gesellschafts-Tabelle XI: Widerton-Stieleichen-Hainbuchenwald — Fortsetzung*

| | a | b | c | d | e |
|---|---|---|---|---|---|
| Zahl der Aufnahmen: | 13 | 15 | 11 | 5 | 12 |
| Majanthemum bifolium | IV | IV | IV | V | V |
| Luzula pilosa | V | V | II | III | V |
| Deschampsia caespitosa | IV | III | II | V | V |
| Dryopteris austriaca | V | II | I | IV | V |
| Ilex aquifolium | I | | | | |
| Galium saxatile | III | | | | |
| Lonicera periclymenum | V | II | | | |
| Melampyrum nemorosum | | | II | | |
| Tilia cordata | | | II | I | |
| Corylus avellana | | | III | III | I |
| Vaccinium myrtillus | V | | I | I | V |
| Trientalis europaea | II | | | | IV |
| Hylocomium splendens | IV | | | | I |

a) 13 Aufnahmen von HARTMANN (1941) aus Hannover;
b) 15 Aufnahmen aus Magdeburgerforth;
c) 11 Aufnahmen des Verfassers (1953) aus Mitteldeutschland;
d) 5 Aufnahmen von PREISING (1943) aus dem südlichen Wartheland;
e) 12 Aufnahmen von PREISING (1943) aus dem nördlichen Wartheland.

PREISING beschreibt (1943) als „Subassoziation von *Holcus mollis*" einen Stieleichen-Hainbuchenwald mit *Melampyrum pratense*, *Holcus mollis*, *Hieracium laevigatum* und *Hieracium boreale* als Trennarten, der als boreale Rasse der hiesigen Subassoziation von *Melampyrum pratense* entspricht. Die „Subassoziation von *Polytrichum attenuatum*" des Warthländischen Stieleichen-Hainbuchenwaldes (PREISING 1943) entspricht etwa unserer typischen Untergesellschaft, ist jedoch etwas reicher. Letzterer entspricht auch der Milium-Stieleichen-Hainbuchenwald, den ich (1953) aus dem mitteldeutschen Trockengebiet beschrieben habe. Der dortige Melampyrum-Stieleichen-Hainbuchenwald ist schließlich mit der hiesigen Subassoziation von *Melampyrum pratense* identisch. Die arme Variante des Querceto-Carpinetum stachyetosum, die ELLENBERG (1939) beschreibt, läßt sich nicht hierher stellen, sondern entspricht noch dem reichen Eichen-Hainbuchenwald. Wohl aber stellt der Schattenblumen-Buchenmischwald (BUCHWALD 1951a) eine entsprechende buchenreiche Ausbildung dar.

### *3. Widerton-Traubeneichen-Hainbuchenwald*

*(Festuca-Gruppe, Subass. von Euphorbia cyparissias)*

#### Gesellschaftsaufbau

Auf lehmbeeinflußten Böden im Höhendiluvium begegnen uns grasreiche Wälder aus Stieleiche, Traubeneiche, Buche und Hainbuche. Im Unterwuchs kommen Eberesche, Heckenrose und Hasel vor (s. Ges.-Tab. XII). Die Bodenflora wird von trockenresistenten Gräsern, wie *Poa nemoralis*, *Agrostis tenuis*, *Poa pratensis*, *Festuca heterophylla* und *Festuca ovina* beherrscht, denen sich als Arten der armen

Eichen-Hainbuchenwälder *Melampyrum pratense*, *Hieracium lachenalii*, *Hieracium murorum*, *Veronica officinalis*, *Carex pilulifera*, *Luzula pilosa* sowie *Viola silvestris*, *Moehringia trinervia*, *Stellaria holostea*, *Catharinea undulata* und *Polytrichum attenuatum* regelmäßig hinzugesellen. Außer diesen genannten zeichnet sich die hiesige Ausbildungsform des Traubeneichen-Hainbuchenwaldes noch durch eine Gruppe wärmeliebender Arten, wie *Euphorbia cyparissias*, *Hypericum perforatum*, *Campanula rotundifolia*, *Galium verum*, *Linaria vulgaris*, *Pimpinella saxifraga*, aus. Die Aufnahmen der Ges.-Tab. XII stammen aus den Abteilungen: 23, 26, 64, 78, 89, 93 und 94.

Gesellschaftshaushalt

Der arme Traubeneichen-Hainbuchenwald besiedelt im Gebiet vornehmlich sandüberlagerte Lehmstandorte innerhalb des Höhendiluviums. Der Decksand hat gewöhnlich mittlere Qualität, seine Stärke schwankt zwischen 30 und 150 cm.

Als Beispiel sei ein Profil (Nr. 24) aus Abteilung 23 (Aufnahme Nr. 6 Ges.-Tab. XII) angeführt.

Bodenprofil Nr. 24 — Aufgenommen am 20. 8. 1950

| | Mechanische Analyse | | | | Aziditätsverhältnisse | | | | Glühverlust |
|---|---|---|---|---|---|---|---|---|---|
| Bestand: 157jähr. (Kiefer)-Eiche Buche-Hainbuche | Anteile in % | | | | | | Austausch- | | % |
| | Kies | Grobsand | Feins. Staub | Schluff Ton | pH $H_2O$ | pH KCl | Azid. ccm | Kalk-mval | |
| 1 cm Streu | | | | | | | | | |
| $A_0$ 0,5—2 cm rohhumusartiger Moder mit weißen Pilzkörnchen und gelben Mycelien, bleichkornhaltig | | | | | | | | | |
| $A_1$ 0—3 cm dunkelviolettgrauer humoser Mittelsand, gebleicht | 0,2 | 49,3 | 46,9 | 3,6 | 4,4 | 3,6 | 9,0 | 0,8 | 4,5 |
| $(B_1)$ 3—80 cm bräunlichgrauer Mittel- bis Feinsand, unten dunkelwolkig | 0,3 | 53,9 | 44,9 | 0,9 | 4,7 | 4,2 | 3,2 | 0,4 | 1,6 |
| $(B_2)_g$ 80—120 cm dunkelgraubrauner anlehmiger Mittel- bis Feinsand mit Stauwasserbleichzone | 0,6 | 44,4 | 52,4 | 2,6 | 4,5 | 4,3 | 3,6 | 0,4 | 1,4 |
| $(B_3)$ 120—130 cm Geschiebeschicht mit kopfgroßen Graniten, Gneisen, einsprenglingsreichen Quarzporphyren und Quarzen u. sandiglehmiger Zwischenfüllung | 1,8 | 44,8 | 47,7 | 5,7 | 4,6 | 4,0 | 6,0 | 0,4 | 2,4 |
| $(B_4)$ 130—150 cm hell- bis rötlichbrauner geschiebehaltiger sandiger Lehm | 3,5 | 30,5 | 39,8 | 26,2 | 4,6 | 3,7 | 25,0 | 4,9 | 3,9 |

Über der Lehmschicht ist hier eine Stauwasserbleichzone ausgebildet. — Nach einem Gewitterguß (am 18. 8. 1950 mit nahezu 50 mm Niederschlag) stand 4 Tage lang Niederschlagswasser in der Grube. Optisch wenig auffällig kommt diese Zone in den Werten der Austauschazidität deutlich zum Ausdruck.
Der Oberboden ist stets podsolig (bis schwach podsoliert), die pH-Werte bewegen sich auch in anderen Profilen zwischen pH 3,5—4,5 (s. Tab. 19).

*Tabelle 19: Zusammenstellung von pH-Werten einiger mineralischer Bodenprofile des Euphorbia-Eichen-Hainbuchenwaldes*
pH-(Sommer-)Werte in KCl

| Abteilung | 23 | 78 | 35 | 94 | 94 | Mittel [1] (5) |
|---|---|---|---|---|---|---|
| A | 3,6 | 3,6 | 3,8 | 3,9 | 4,2 | 3,8 |
| ($B_1$) | 4,2 | 3,9 | 3,9 | 4,2 | 4,4 | 4,1 |
| ($B_2$) | 4,3 | 4,3 | 4,0 | | 4,4 | 4,3 |
| BL [1]) | 3,7 | 4,1 | | | 3,6 | (3,8) |
| C | | | 4,1 | 4,5 | | (4,3) |

*Gesellschafts-Tabelle XII: Widerton-Traubeneichen-Hainbuchenwald (Stellario-Carpinetum Subass. von Euphorbia cyparissias)*

| Aufnahme-Nr.: | | 1 | 2 | 3 | 4 | 5 | 6 | 7 | 8 | 9 |
|---|---|---|---|---|---|---|---|---|---|---|
| Artenzahl: | | 37 | 40 | 35 | 43 | 45 | 43 | 42 | 43 | 49 |
| *Bäume und Sträucher:* | | | | | | | | | | |
| Quercus robur | B | 3 | 3 | 3 | 3 | 3 | 1 | 3 | 3 | + |
| Quercus robur | S | + | + | + | 1 | + | | + | + | 1 |
| Carpinus betulus | B | 2 | 2 | 3 | 3 | 1 | 3 | | 3 | 1 |
| Carpinus betulus | S | + | + | + | 1 | + | + | + | 2 | 1 |
| Fagus silvatica | B | | 2 | 3 | 1 | 3 | 3 | 3 | 3 | 3 |
| Fagus silvatica | S | | + | | | + | | | | 1 |
| Quercus petraea | B | 3 | | | 2 | 1 | | 1 | | |
| Sorbus aucuparia | S | | + | + | + | + | + | + | | + |
| Acer pseudoplatanus | B | | | | | + | | | + | |
| Acer pseudoplatanus | S | | | | | 2 | | | + | |
| Sambucus nigra | | | 1 | | | 1 | | + | | |
| Crataegus spec. | | | | + | + | | | | | |
| Rosa canina | | | + | + | | + | | + | | |
| Corylus avellana | | | + | | | | | | | + |
| Kenn- und Trennarten der Gesellschaft: | | | | | | | | | | |
| Festuca heterophylla | | + | + | + | + | | + | 1 | + | + |
| Hieracium murorum | | + | | + | + | + | + | + | + | + |
| Melampyrum pratense | | 3 | + | 1 | + | 1 | 1 | 1 | + | 1 |
| Carex pilulifera | | | + | + | + | + | + | + | + | + |
| Polytrichum attenuatum | | 2 | + | | 1 | | + | + | | + |
| Veronica officinalis | | + | + | + | + | + | + | + | + | + |
| Holcus mollis | | 4 | + | | + | 1 | | | | + |
| Deschampsia flexuosa | | | | | | | + | | | + |
| Lonicera periclymenum | | | | | | | | | | + |

[1]) BL = Wechsel der Bodenart im B-Horizont. Auftreten von Lehm.

*Fortsetzung Ges.-Tabelle XII*

| Aufnahme-Nr.: | 1 | 2 | 3 | 4 | 5 | 6 | 7 | 8 | 9 |
|---|---|---|---|---|---|---|---|---|---|
| Artenzahl: | 37 | 40 | 35 | 43 | 45 | 43 | 42 | 43 | 49 |
| **Trennarten der Untereinheit:** | | | | | | | | | |
| D: Euphorbia cyparissias | + | + | + | 1 | + | + | 1 | 1 | + |
| Hypericum perforatum | + | + | + | + | + | + | + | + | + |
| Fragaria vesca | | + | | + | + | + | 1 | 1 | + |
| Campanula rotundifolia | + | + | + | + | + | | + | + | |
| Galium verum | + | | + | | + | | + | + | |
| Hieracium pilosella | | | | + | + | + | + | + | + |
| Pteridium aquilinum | | + | + | | + | | 1 | | |
| Linaria vulgaris | | | + | | + | + | 1 | | |
| Ajuga genevensis | | | | + | | + | | + | + |
| Pimpinella saxifraga | | | | | + | + | + | + | |
| Satureja vulgaris | | | | | + | | 1 | + | |
| Hypericum montanum | | | | | | + | + | | + |
| Trifolium alpestre et spec. | | | | | | | + | + | + |
| **Kennarten höherer Ordnung:** | | | | | | | | | |
| Poa nemoralis | + | 3 | 2 | 3 | 3 | 1 | 2 | 2 | 4 |
| Viola silvatica | + | + | 1 | + | + | + | 1 | 1 | + |
| Moehringia trinervia | + | + | 1 | + | + | 1 | + | + | + |
| Stellaria holostea | | 2 | 1 | 1 | 1 | | 1 | 1 | 1 |
| Catharinea undulata | + | | | 1 | + | + | | + | |
| Mycelis muralis | | | | + | 1 | | | | |
| Scrophularia nodosa | + | | + | + | | | + | | + |
| Milium effusum | 1 | | | | | | | | + |
| Glechoma hederacea | | | | | | | | + | |
| Convallaria majalis | | + | | | + | | | | 2 |
| Anemone nemorosa | 2 | | + | + | + | | | | + |
| Geranium robertianum | | | | | + | | | + | |
| Vicia sepium | + | | | + | | | | | |
| **Übrige Arten:** | | | | | | | | | |
| Poa pratensis | 1 | + | 1 | + | + | + | 3 | 1 | + |
| Agrostis tenuis | 3 | 1 | 1 | 1 | 3 | + | 2 | 2 | + |
| Festuca ovina | 1 | + | + | + | 1 | + | 1 | | + |
| Hieracium lachenalii | + | | + | + | + | + | + | + | + |
| Veronica chamaedrys | + | | + | + | + | + | 1 | + | + |
| Luzula pilosa | 1 | + | + | + | + | + | + | + | 1 |
| Galeopsis tetrahit | + | + | + | + | + | | + | + | |
| Rubus fruticosus coll. | | 1 | 1 | | + | + | 1 | 2 | + |
| Polygonum dumetorum | | + | + | + | + | | + | + | |
| Anthoxanthum odoratum | 2 | | | + | | + | + | | + |
| Hieracium laevigatum | + | 1 | + | | | | | + | + |
| Calamagrostis epigeios | | | | + | + | + | | + | + |
| Deschampsia caespitosa | + | | | + | | + | | | + |
| Dactylis glomerata | | 1 | + | + | | | | | |
| Majanthemum bifolium | + | | | | | 1 | | | + |
| Rubus idaeus | | + | | | | | + | | + |
| Lathyrus pratensis | | | | + | + | | | | + |

ferner:

Ceratodon purpureum + (6); + (9); Genista tinctoria + (1); + (9); Arrhenatherum elatius + (2); + (5); Silene inflata et nutans + (2); + (8); Polygonatum odoratum; + (1); Vicia cassubica + (1); Entodon schreberi + (1); Lathyrus montanus + (1) Brachypodium silvaticum 1 (2); Sedum maximum + (2); Anthericum ramosum + (2); Carex hirta + (2); Aegopodium podagraria + (2); Festuca gigantea + (4); Prunus spinosa + (5); Mnium affine spec. + (6); Luzula multiflora + (6); Asparagus officinale + (6); Pyrola secunda + (6); Rumex acetosa + (6); Euonymus europaea + (8); Betula pendula + (8); Urtica dioica + (8); Stellaria graminea + (8); Calamagrostis arundinacea + (9).

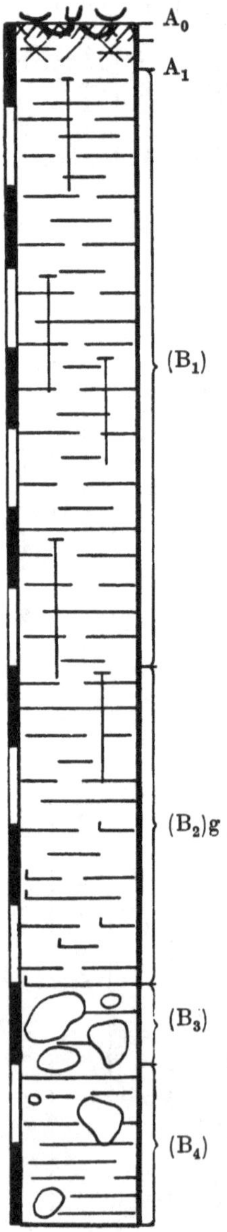


Seltener kommt der hiesige Traubeneichen-Hainbuchenwald auch auf nährstoffreichen Sand- und Kiesböden vor (s. Bodenprofil Nr. 25).

Bodenprofil Nr. 24

Lage: Hochebene am Rande des Taldiluviums (Abt. 23 a[4])

Vegetation: Buchen-Hainbuchenmischbestand (Ges.-Tab. XII, 6)

Geologisches Substrat: Geschiebesand über Geschiebelehm der Grundmoräne

Bodentyp: Podsolige oligotrophe Braunerde

Standortsbeurteilung: Mäßig frischer lehmnaher Standort guter Ertragsleistung mit ärmerem Decksand über zeitweilig wasserstauendem Lehm in 130 cm Tiefe.

Bodenprofil Nr. 25

Lage: Leichte Geländewelle am Rande des Taldiluviums (Abt. 36 a[4])

Vegetation: Buchen-Eichen-Hainbuchenbestand (Übergang zum Stieleichen-Hainbuchenwald)

Geologisches Substrat: Geschiebesand über Rostkies, Spatsand, Geschiebelehm und Glimmersand

Bodentyp: Meso- bis oligotrophe Braunerde

Standortsbeurteilung: Mäßig frischer Rostkiesstandort guter Ertragsleistung mit geringer Geschiebesanddecke und wachstumsfördernden Schichten (Lehm und Glimmersand) im nahen Untergrund. Grundwasser in 4 m Tiefe erbohrt.

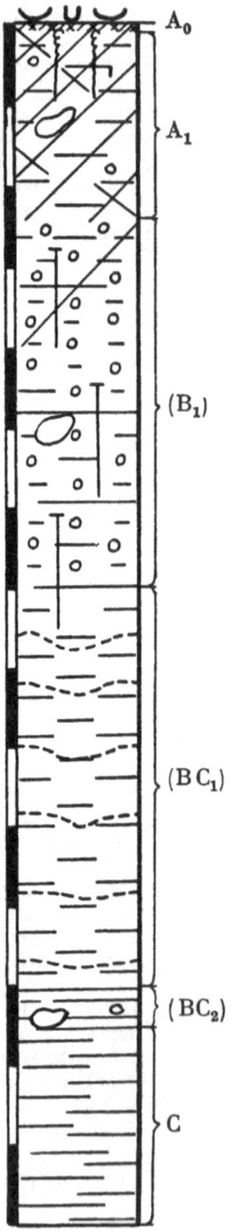


## Gesellschaftsvergleich

Arme Traubeneichen-Hainbuchenwälder des Flachlandes wurden von HARTMANN (1933/34), PREISING (1943) und von mir (1953) beschrieben; ihre gemeinsamen Merkmale und geographisch bedingten Unterschiede veranschaulicht Ges.-Tab. XIIa.

*Gesellschafts-Tabelle XII a: Widerton-Traubeneichen-Hainbuchenwald (Gesellschaftsvergleich)*

| | a | b | c | d | e |
|---|---|---|---|---|---|
| Zahl der Aufnahmen: | 9 | 6 | 3 | 11 | 6 |
| Carpinus betulus | V | IV | 3 | V | VI |
| Quercus petraea | III | IV | 3 | V | V |
| Quercus robur | V | V | | V | |
| Fagus silvatica | V | I | 3 | | |
| Tilia cordata | | V | | II | III |
| Sorbus aucuparia | IV | | 1 | V | V |
| Viola silvestris | V | V | 3 | V | III |
| Catharinea undulata | IV | V | 1 | III | III |
| Anemone nemorosa | III | III | 3 | IV | II |
| Stellaria holostea | IV | I | 3 | III | III |
| Poa nemoralis | V | V | | III | V |
| Milium effusum | II | | | III | III |
| Polygonatum multiflorum | | I | | I | I |
| Dryopteris filix mas | | | | I | II |
| Hieracium murorum | V | I | 1 | III | II |
| Festuca heterophylla | V | IV | | II | I |
| Polytrichum attenuatum | IV | V | 3 | II | III |
| Veronica officinalis | V | V | 1 | V | V |
| Pteridium aquilinum | III | II | 1 | IV | III |
| Holcus mollis | III | III | 3 | II | |
| Melampyrum pratense | V | | 3 | | |
| Carex pilulifera | V | I | | | |
| Majanthemum bifolium | II | IV | 3 | IV | IV |
| Luzula pilosa | V | II | | V | V |
| Poa pratensis | V | V | | II | III |
| Agrostis tenuis | V | I | | III | II |
| Anthoxanthum odoratum | III | II | 2 | | II |
| Vaccinium myrtillus | | | 3 | V | V |
| Calamagrostis arundinacea | | | 1 | III | IV |
| Juniperus communis | | | 2 | | V |
| Trientalis europaea | | | 2 | | II |
| Hylocomium splendens | | | 1 | | IV |

a) 9 Aufnahmen aus Magdeburgerforth;
b) 6 Aufnahmen vom Verfasser (1953) aus Mitteldeutschland;
c) 3 Aufnahmen von HARTMANN (1933/34) aus Ostdeutschland;
d) 11 Aufnahmen } von PREISING (1943) aus dem Wartheland.
e) 6 Aufnahmen }

Gegenüber den armen Stieleichen-Hainbuchenwäldern ist ein Zurücktreten von *Milium effusum*, *Polygonatum multiflorum*, *Dryopteris filix mas*, ferner *Athyrium filix femina*, *Dryopteris austriaca*, *Deschampsia caespitosa* u. a. bemerkenswert. Positiv zeichnet sich der Traubeneichen-Hainbuchenwald durch Traubeneiche und Gräser (*Poa pratensis*, *Anthoxanthum odoratum*, *Agrostis Festuca* u. a.) aus. Die hiesige Ausbildungsform ist als Subassoziation von *Euphorbia cyparissias* anzusprechen und entspricht dem Euphorbia-Eichen-Hainbuchenwald im mitteldeutschen Trockengebiet (1953). Dem dort vorkommenden Typus

(Festuca-Eichen-Hainbuchenwald) entsprechen die Aufnahmen 11—15 in Ges.-Tab. XI. Die Beispiele aus dem östlichen Gebiet gehören zur Untergesellschaft von *Calamagrostis arundinacea*. Analoge Ausbildungsformen sind auch aus dem südöstlichen Mitteleuropa, so von KLIKA (1939), (1951) und MATUSZKIEWICZ (1954b), beschrieben worden.

Anhangsweise sei noch eine Aufnahme angeführt, die eventuell zum Buchen-Ahorn-Eschenwald (vgl. SCAMONI 1954b) zu stellen ist:

| *Bäume und Sträucher:* | | *Kennarten höherer Ordnung:* | | *Übrige Arten:* | |
|---|---|---|---|---|---|
| Fagus silvatica | B 4 | Poa nemoralis | 3 | Veronica chamaedrys | 2 |
| Fagus silvatica | S + | Hieracium murorum | 2 | Deschampsia caespitosa | 1 |
| Carpinus betulus | B 2 | Lamium galeobdolon | 2 | Luzula pilosa | + |
| Quercus robur | B + | Stellaria holostea | 1 | Polygonum dumetorum | + |
| Acer pseudoplatanus | S + | Anemone nemorosa | 1 | Poa pratensis | + |
| Euonymus europaeus | S + | Festuca gigantea | 1 | Veronica officinalis | + |
| | | Viola silvatica | + | Dactylis glomerata | + |
| *Kenn- und Trennarten der Gesellschaft:* | | Mycelis muralis | + | Taraxacum officinale | + |
| | | Scrophularia nodosa | + | Galeopsis tetrahit | + |
| Sanicula europaea | 1 | Moehringia trinervia | + | Polytrichum attenuatum | + |
| Anemone hepatica | + | Aegopodium podagraria | + | Hypnum cupressiforme | + |
| Asperula odorata | (v) | Catharinea undulata | + | | |

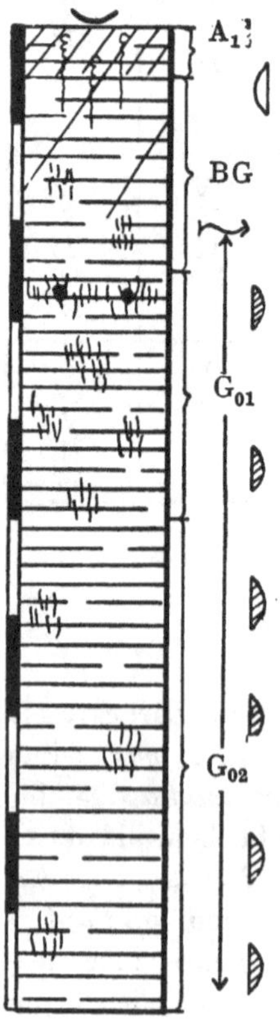


Sie stammt aus Abteilung 53, der Boden ist ein grundwasserbeeinflußter Lehm (s. Bodenprofil Nr. 26).

Bodenprofil Nr. 26
Lage: Leichte Geländewelle im Talsandgebiet der Geuenbach-Niederung (Abt. 53 b[2])
Vegetation: Buchen-Hainbuchenmischbestand mit Sanikel und Leberblümchen (s. Aufn. S. 65)
Geologisches Substrat: Geschiebelehm
Bodentyp: Eutropher, feuchter Braunglei
Standortsbeurteilung: Feuchter Lehmstandort höchster Ertragsleistung mit nahezu oberflächlich anstehendem Lehm und kurzfristig den Unterboden beeinflussendem kalkreichem, bewegtem Grundwasser.

## *6. Zusammenfassende Betrachtung der Waldgesellschaften*

### a) Die Quellmoorwälder

Neben den erheblichen Unterschieden in der floristischen Zusammensetzung zeigen die verschiedenen Quellmoorwälder Magdeburgerforths auch einige Gemeinsamkeiten, die sie von normalen Ausbildungsformen unterscheiden. In der Baumschicht sind es vor allem Buche und Bergahorn, die entgegen ihrem sonstigen Verhalten regelmäßig auf den Naßböden der hiesigen Quellmoore, im Erlen-Eschenwald wie im Erlenbruch und z. T. auch im Birkenbruch vorkommen. Eine ähnliche Sonderstellung nehmen in der Bodenflora *Agrostis stolonifera*, *Circaea alpina* und *Lophocolea*

Der Kalkgehalt verschiedener Quellen kann sehr unterschiedlich sein, innerhalb eines Quellmoors ist er jedoch in allen Gesellschaften gleichbleibend, da sie vom gleichen Quellstrom gespeist werden.

Ähnlich der horizontalen Verteilung der Waldgesellschaften ist in jedem stärkeren Torfprofil eine Schichtung verschiedener Torfgüten feststellbar. Stets nimmt die Torfgüte mit zunehmender Stärke der Torfdecke nach oben hin ab. So zeigt ein Birkenbruchprofil nur im Oberboden faserreichen Birkenbruchtorf, der nach unten zu in Erlenbruchtorf und schließlich in den Feintorf des Erlen-Eschenwaldes übergeht.

Das horizontale Wachstum des Quellmoors bedingt eine allmähliche Verlagerung des Quellaustritts in Richtung Taldiluvium (Norden), womit ein ständiges Verschieben (Nachrücken) der Gesellschaftszonen Hand in Hand geht. Im rückwärtigen Gebiet der „toten Quellmoorzone“, wo der aerobe Torfabbau der Torfneubildung ebenbürtig oder gar überlegen ist, siedelt sich dann je nach Grundwassergüte und Grundwasserstand Stieleichen-Birkenwald, Heidelbeer-Buchenwald oder Stieleichen-Hainbuchenwald an.

Somit ergibt sich für die Quellmoorwälder folgendes Sukzessionsschema:

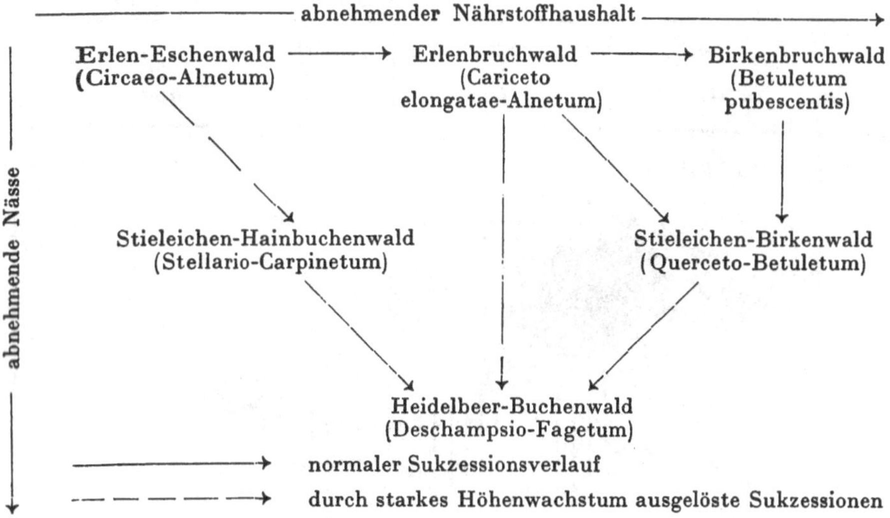


## b) Geographische Stellung der Vegetationseinheiten

Durch den floristischen Vergleich der örtlichen Waldgesellschaften mit den entsprechenden Einheiten anderer Gebiete wurde die geographische Stellung der hiesigen Waldvegetation beleuchtet. Daraus ergab sich jedoch kein einheitliches Gepräge für die Wälder Magdeburgerforths. So stellt der hiesige Quellmoor-Erlen-Eschenwald eine nordosteuropäische Ausbildung dar, in der jedoch *Lonicera periclymenum* u. a. auf eine leichte subatlantische Tönung hinweisen. Einen ausgesprochen atlantisch-subatlantischen Charakter müssen wir dem Quell-

*bidentata* ein. Merkwürdigerweise deuten diese Arten (ökologisch gesehe durchaus nicht auf einen Quellwassereinfluß hin.

Erwähnenswert ist ferner, daß die verschiedenen Quellmoor-Gesellschaften dur Übergänge miteinander verbunden sind. So weist die Thelypteris-Ausbildung form des Erlen-Eschenwaldes zum Erlenbruch, der mit seiner Molinia-Varian in enge Beziehung zur Erlen-Untergesellschaft des Birkenbruchs tritt. — I diese Verwandtschaft nicht nur ökologisch-floristischer Art ist, sondern auch der räumlichen Verteilung der Einheiten ihren Ausdruck findet, liegt die Ve mutung nahe, daß es sich hierbei um genetische Zusammenhänge handelt.

Der Erlen-Eschenwald besiedelt nur die nähere Umgebung des Quellaustritt umgeben wird er von einer Zone Erlenbruchwaldes, der in einiger Entfernur von der Quellstelle oder Quellinie in ein Birkenbruch übergehen kann.

Die Flächenanteile der einzelnen Gesellschaften scheinen vom Kalkgehalt d Quellwassers abhängig zu sein. So wurden im Quellmoorgebiet der Abteilur 46/47 (s. Abb. 7) folgende Werte gemessen:

| Quelle in Abteilung | Kalkgehalt des Quellwassers in mg CaO/l | Breite der Gesellschaftszonen in Metern | |
|---|---|---|---|
| | | Erlenwald[1]) | Birkenbruch |
| 46 N | 120 | 30 | 5 |
| 46 NW | 60 | 10 | 30 |
| 47 | 40 | 5 | 100 |

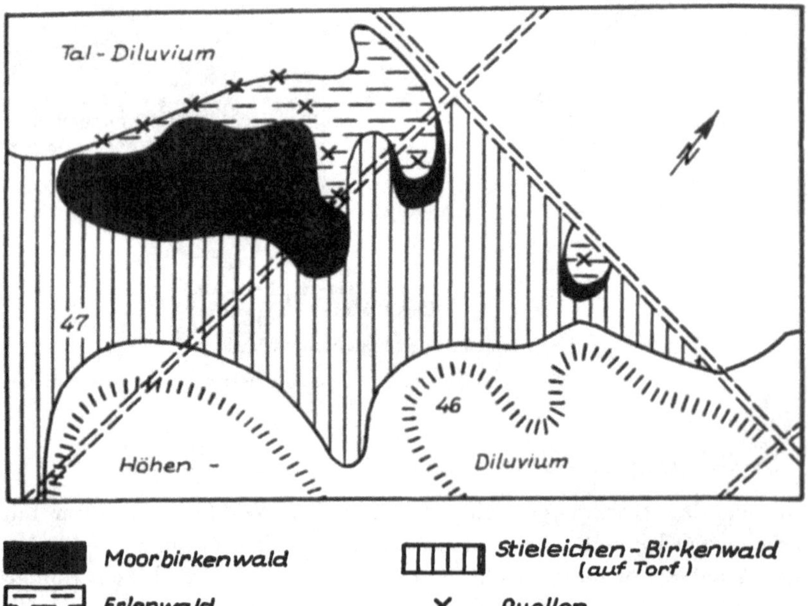


Abb. 7. Lage der Quellstellen und Verteilung der Gesellschaftszonen im Quellmoorgebiet der Abteilungen 46 und 47

[1]) Erlenwald = Erlenbruch, in Abt. 46 N einschließlich Quellmoor-Erlen-Eschenwald.

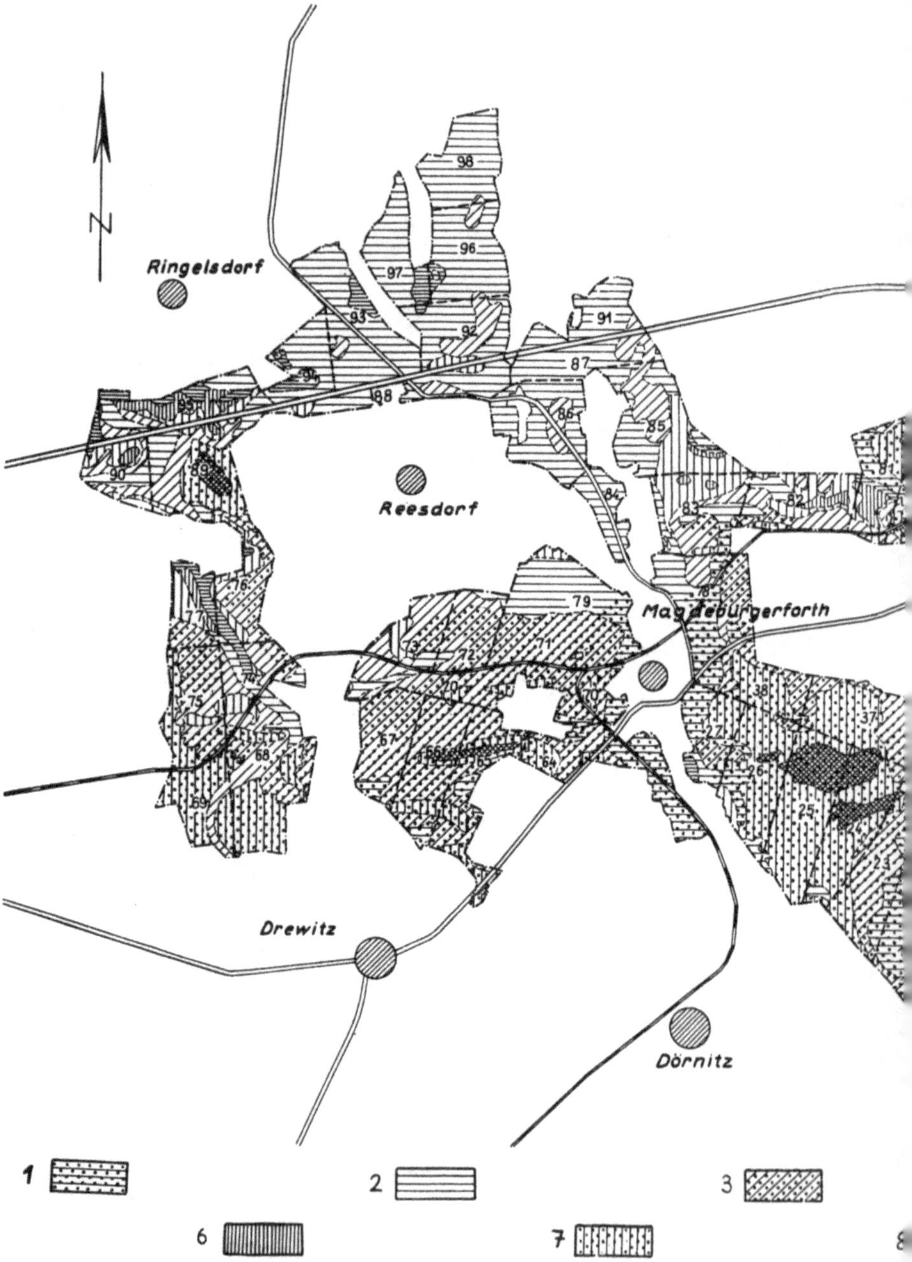


1 Traubeneichen-Hainbuchenwald
2 Stieleichen-Hainbuchenwald
3 Astmoos-Buchenwald

4 Pfeifengra
5 Erlenwald-
6 Birkenbru

ıchenwald
mplex
ald

7 Traubeneichen-Birkenwald
8 Stieleichen-Birkenwald
9 Kiefernwald-Komplex

moor-Erlenbruchwald zusprechen, darüber hinaus zeigen *Circaea alpina* und *Rubus saxatilis* einen borealen Einschlag an. Im Birkenbruch läßt sich eine subatlantische Ausbildung von der boreal-kontinentalen (mit *Ledum palustre*) auch räumlich trennen, doch weisen *Erica tetralix* in der Ledum-Rasse bzw. *Circaea alpina* in der Lonicera-Rasse darauf hin, daß wiederum beide Einflußrichtungen beteiligt sind. Die subatlantische Waldgesellschaft des Stieleichen-Birkenwaldes zeigt im Vergleich mit entsprechenden Wäldern anderer Gebiete alle Merkmale einer gemäßigt-kontinentalen Tönung. Im Heidelbeer-Buchenwald, Traubeneichen-Birken- und Eichen-Hainbuchenwald ist *Lonicera periclymenum* Trennart einer subatlantischen Rasse, doch weist beispielsweise *Festuca heterophylla* auf einen gemäßigt kontinentalen Einschlag hin. Die Kiefernwälder sind Gesellschaften des gemäßigt-kontinentalen Klimabereichs (vgl. SCAMONI 1953), sie liegen hier jedoch in westlichen Ausbildungen vor.

Somit weisen alle Waldgesellschaften des Gebietes einheitlich subatlantische und gemäßigt-kontinentale Züge in ihrer floristischen Zusammensetzung auf. Ausgesprochen boreale Elemente sind dagegen auf den Quellmoorbereich beschränkt. Die systematische Wertigkeit der geographischen Abweichung vom Normalen ist von Fall zu Fall verschieden.

### c) Verteilung der natürlichen Waldgesellschaften

Von den behandelten Waldgesellschaften hat der Heidelbeer-Buchenwald mit etwa 40% den größten Flächenanteil im Revier Magdeburgerforth. Besonders in der Osthälfte, aber auch im Südwestteil besiedelt er große zusammenhängende Partien. An zweiter Stelle folgen die Eichen-Hainbuchenwälder mit etwa 30%. Abgesehen von einigen zusammenhängenden Vorkommen im Nordwestteil, beschränken sie sich im wesentlichen auf die den Quellmooren vorgelagerte Zone entlang des nördlichen Revierrandes. Nächst diesem folgen Stieleichen-Birkenwald, im talbeeinflußten Diluvium vor allem innerhalb der rückwärtigen Quellmoorzone auftretend, und Traubeneichen-Birkenwald mit je 12%. Letzterer findet sich im Höhendiluvium in einigen zusammenhängenden Vorkommen im südwestlichen und mittleren Teil des Revieres.

Von den Gesellschaften der ausgesprochenen Sonderstandorte nehmen die Quellmoorwälder etwa 5% der Gesamtfläche ein, die sich nahezu gleichmäßig auf Erlen-Eschenwald, Erlen- und Birkenbruch verteilen. Ihr größtes Vorkommen befindet sich südlich und südöstlich von Schopsdorf (Abt. 36, 48, 47, 58). Nur etwa 1% der Fläche gehört dem natürlichen Kiefernwald im Revier, er siedelt innerhalb der Traubeneichen-Birkenwald-Komplexe auf extrem trockenen Standorten. Sein Hauptvorkommen liegt in den Jagen 25 und 24 östlich von Magdeburgerforth (s. Abb. 8).

Die Abhängigkeit der Waldgesellschaft von den edaphischen Bedingungen veranschaulicht das Vegetationsprofil (s. Abb. 9).

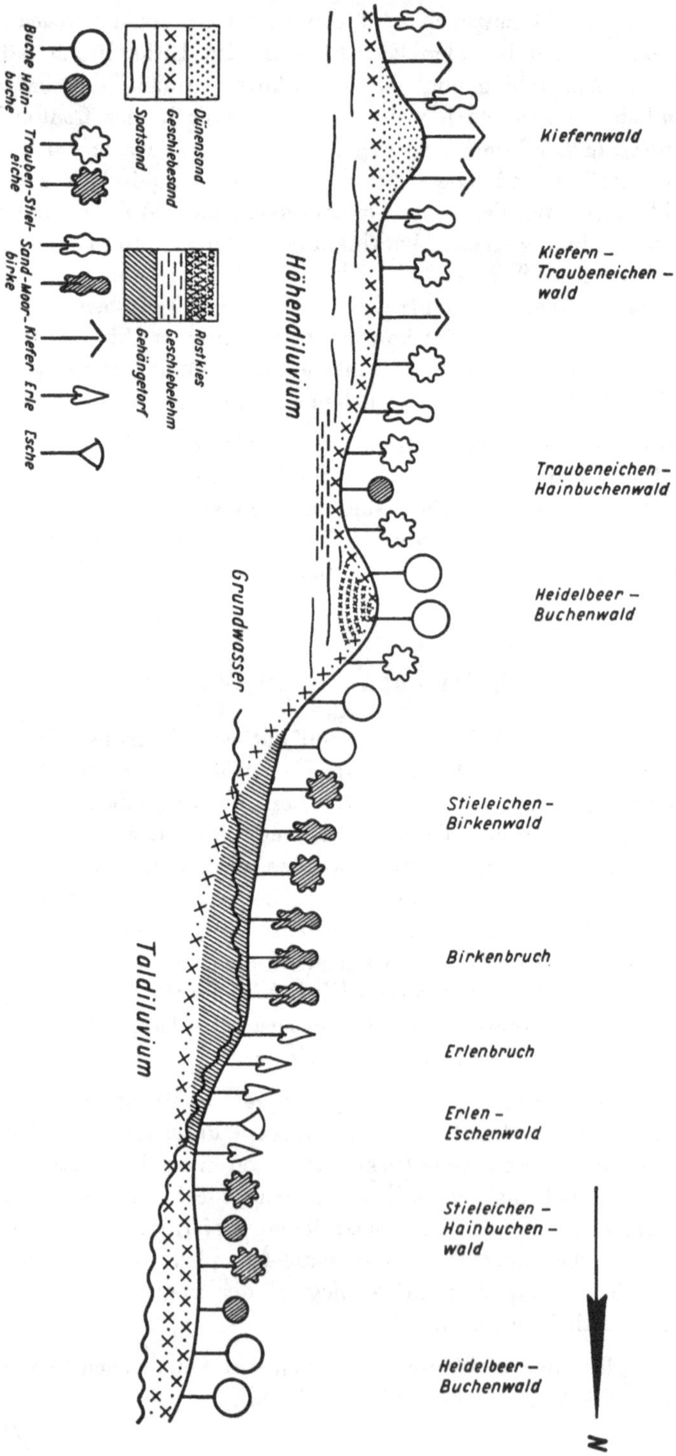


Abb. 9. Vegetationsprofil quer durch das Untersuchungsgebiet

# III. Kahlschlag und Forstgesellschaften

## *1. Kahlschlaggesellschaften*

Auf den Sandböden mittlerer Güte (Altdiluvium) mit und ohne Grundwassereinfluß begegnet uns auf Schlagflächen die

### a) Weidenröschen-Kreuzkraut-Gesellschaft (Ges.-Tab. XIII)

Gesellschaftsaufbau

Gekennzeichnet wird diese Kahlschlaggesellschaft durch nitrophile Arten wie *Senecio silvaticus, Erigeron canadensis* und lokal auch durch *Senecio viscosus;* von den allgemeinen Schlagpflanzen sind *Epilobium angustifolium, Calamagrostis epigeios* und *Carex pilulifera* konstant. Die Gruppe der Pioniergehölze mit Birken-, Kiefern- und Eichenanwuchs weist darauf hin, daß die Aufnahmen von 2—4 Jahre alten Schlagflächen stammen. — Sonst sind anspruchslosere Gräser (*Agrostis tenuis, Festuca ovina*) und Kräuter (*Veronica officinalis, Rumex acetosella*) allgemein häufig.

Gesellschaftshaushalt und Untereinheiten

Vom Typus heben sich zwei sich gegenseitig ausschließende Artengruppen ab. Die Subassoziation von *Deschampsia caespitosa* enthält anspruchsvollere Pflanzen, zu ihren Trennarten gehören neben der Rasenschmiele vor allem Laubmischwaldarten, wie *Poa nemoralis, Viola silvestris, Polygonum dumetorum, Festuca heterophylla, Moehringia trinervia,* und fast regelmäßig findet sich hier auch der Jungwuchs der Hainbuche.

Ihr gegenüber steht die Subassoziation von *Calluna vulgaris* mit *Calluna, Vaccinium myrtillus* und *Sieglingia decumbens* als Trennarten.

Bodenuntersuchungen ergaben, daß die *Deschampsia caespitosa*-Untergesellschaft vornehmlich lehmbeeinflußte Böden (s. Bodenprofil Nr. 27) bzw. produktionskräftige Sande ($S_b$) besiedelt. Die typische Untergesellschaft fand sich auf mittleren Sanden ($S_c$) vom Typ der basenarmen podsoligen Braunerde (s. Bodenprofil Nr. 28), während die Calluna-Untergesellschaft zwar ebenfalls auf mittleren Sanden ($S_c$) auftrat, die dann jedoch stärkere Rohhumusdecken trugen und meist merklich podsoliert waren (s. Taf. II, 2).

Eine analoge Abstufung zeigen auch die Ertragsklassen der Vorbestände (vgl. Kopf der Ges.-Tab. XIII).

*Molinia, Rhamnus frangula* und *Rubus fruticosus* weisen auf grundwasserbeeinflußte Böden hin, so daß wir in allen 3 Untergesellschaften von einer Molinia- bzw. Rhamnus-frangula-Variante sprechen können. In der reichen Untergesellschaft tritt *Molinia* zurück, während *Carex silvatica* die bessere Grundwassergüte anzeigt. Die entsprechenden typischen Varianten besiedeln grundwasserferne Böden.

*Gesellschafts-Tabelle XIII: Weidenröschen-Kreuzkraut-Gesellschaft*
*(Epilobium angustifolium-Senecio silvaticus-Assoziation)*

| Aufnahme-Nr.: | 1 | 2 | 3 | 4 | 5 | 6 | 7 | 8 | 9 | 10 | 11 | 12 | 13 | 14 | 15 | 16 | 17 | 18 | 19 | 20 | 21 | 22 |
|---|---|---|---|---|---|---|---|---|---|---|---|---|---|---|---|---|---|---|---|---|---|---|
| Vorbestand: | Ki | Ki | Ki | Ki | Ki | Ki | Ki | Ki | Ki | Ki | Ki | Ki | Ki | Ki | Ki | Ki | Ki | Ki | Ei | Ki | Ki | Ki |
| Bonität: | III | III | II | II,5 | II | II | II,5 | II,5 | III | III | II,5 | II | II,5 | II,5 | II,5 | II | II,5 | II | I,5 | II | II | II |
| Artenzahl: | 19 | 23 | 24 | 21 | 21 | 20 | 20 | 22 | 21 | 21 | 20 | 19 | 16 | 27 | 16 | 18 | 20 | 33 | 32 | 36 | 36 | 27 |
| **Kenn- und Trennarten der Gesellschaft:** | | | | | | | | | | | | | | | | | | | | | | |
| Senecio silvaticus | + | 1 | 1 | + | + | 2 | 1 | 2 | 1 | 2 | + | + | + | + | + | 1 | 1 | 2 | + | 1 | + | 1 |
| Erigeron canadensis | | | 1 | + | | 2 | + | 1 | | | | + | | + | + | 1 | | + | | | | |
| Senecio viscosus | | + | | | | | | | | | | | | | + | + | | 1 | | | | |
| **Kennarten höherer Ordnung:** | | | | | | | | | | | | | | | | | | | | | | |
| Epilobium angustifolium | + | 2 | 1 | 2 | + | 2 | 1 | 1 | + | + | 1 | 2 | + | + | + | + | 1 | 1 | 3 | 1 | + | 2 |
| Carex pilulifera | + | + | + | + | + | + | + | 1 | 3 | + | 1 | 1 | | + | + | + | + | + | + | 1 | + | + |
| Calamagrostis epigeios | + | + | + | + | + | | | + | | | + | | + | + | 1 | + | + | 1 | 2 | 5 | 1 | 3 |
| Rubus idaeus | | | | | | | | + | + | + | + | | | | | | + | 2 | 2 | 2 | + | + |
| Sambucus nigra | | | | | | | | | | | | + | | | | | | | | + | | |
| **Trennarten der Untereinheiten:** | | | | | | | | | | | | | | | | | | | | | | |
| Calluna vulgaris | 3 | 2 | 2 | 1 | + | 1 | 2 | + | 1 | + | | | + | | | | | | | | | |
| Vaccinium myrtillus | 2 | + | + | + | + | 2 | | + | 2 | | + | | | | | | | | | | | |
| Sieglingia decumbens | + | 1 | + | + | | | | | + | + | | | | | | | | | | | | |
| Luzula campestris | | + | + | | | | + | | | | | | | | | | | | | | | |
| Deschampsia caespitosa | | | | | | | | | | | | | | | | | | + | + | + | + | + |
| Carpinus betulus | | | | | | | | | | | | | | | | | | 3 | 1 | | 2 | 1 |
| Poa nemoralis | | | | | | | | | | | | | | + | | | | | + | + | 2 | 3 |
| Poa pratensis | | | | | | | | | | | | | | | | | | + | 2 | | 3 | |
| Viola silvestris | | | | | | | | | | | | | | | | | | + | | + | + | |
| Polygonum dumetorum | | | | | | | | | | | | | | | | | | + | + | + | | |
| Festuca heterophylla | | | | | | | | | | | | | | | | | | | + | | 3 | + |
| Moehringia trinervia | | | | | | | | | | | | | | | | | | | + | + | | + |
| Stellaria holostea | | | | | | | | | | | | | | | | | | | | | + | 1 |
| Hieracium laevigatum | | | | | | | | | | | | | | | | | | | | | + | + |

| | | | | | | | | | | | | | | | | | | | | | | |
|---|---|---|---|---|---|---|---|---|---|---|---|---|---|---|---|---|---|---|---|---|---|---|
| **Molinia coerulea** | | | | + | | | 2 | 2 | | + | + | | + | | | | | | | + | + | |
| Rhamnus frangula | | | | | | | | | + | + | | + | + | | | | | 1 | 1 | + | | |
| Rubus fruticosus coll. | | | | | | | | + | + | + | | | | | | | | + | + | + | | |
| Carex silvatica | | | | | | | | | | | | | | | | | | | + | + | | |
| Polytrichum juniperinum | | | | | 1 | 2 | + | 1 | | | | | | 1 | | | | | | 3 | 3 | |
| Funaria hygrometrica | | | | | | 2 | + | | | | | | 2 | 3 | | | | | | | | |
| **Pioniergehölze:** | | | | | | | | | | | | | | | | | | | | | | |
| Betula pendula (et pubescens) | + | 1 | 3 | 3 | 2 | 4 | + | 3 | 2 | 3 | 3 | 1 | 4 | 3 | + | 1 | 3 | + | 3 | 3 | 2 | 2 |
| Pinus silvestris | + | + | + | 2 | 4 | 2 | 2 | 2 | 1 | + | + | 3 | 1 | 4 | 2 | 1 | + | + | + | + | 1 | |
| Quercus robur | + | + | + | + | + | | | | + | + | + | + | + | | | | 2 | 1 | + | + | + | + |
| Sorbus aucuparia | + | + | | | | | | | + | + | + | | | + | | | + | + | + | | + | + |
| Populus tremula | | + | | + | | | | 1 | | | + | + | | + | | | + | + | | | | |
| (Fagus silvatica) | | | + | | + | | | | + | | | | | | | | + | | | | | + |
| **Übrige Arten:** | | | | | | | | | | | | | | | | | | | | | | |
| Agrostis tenuis | + | + | 1 | + | + | + | + | + | + | + | + | | + | + | + | + | + | 2 | 4 | 2 | 3 | + |
| Festuca ovina | 2 | 2 | 3 | + | + | + | | + | 1 | 2 | 2 | | + | + | | | + | + | + | + | + | |
| Rumex acetosella | | + | + | | + | + | + | | | + | + | + | | + | + | + | + | | + | + | + | + |
| Veronica officinalis | + | + | + | | | | | | + | + | + | | | + | + | | | + | + | + | | + |
| Holcus mollis | + | | | | | + | | + | | | | | + | | + | + | + | + | + | 1 | 2 | 1 |
| Juncus effusus et conglomeratus | | + | + | | | | + | | | | + | + | | + | + | | + | | 1 | + | + | + |
| Hypericum perforatum | + | | + | | | | + | | + | | + | 1 | | | | | + | + | + | + | + | |
| Anthoxanthum odoratum | + | 1 | + | | | | | | + | | + | | | + | | + | + | + | | | + | |
| Luzula pilosa | | | + | | + | | + | | | | | | | | | | + | + | 1 | + | + | + |
| Galeopsis tetrahit | | | | | | | | | | + | | | + | | | | + | 2 | + | + | + | + |
| Holcus lanatus | | + | | | | + | | | + | | | | | | | | | + | + | 2 | | |
| Hieracium pilosella | | | + | + | + | + | | + | | + | | + | | + | + | + | | | | | | + |
| Corynephorus canescens | + | | | + | + | + | | | | | | | + | + | + | + | | | | | | |
| Deschampsia flexuosa | + | | | | + | + | | + | | | | | | | | + | | | | + | | + |
| Carex leporina | | | | | | + | 2 | + | + | | | + | | + | | | | + | | | | |
| Hypochoeris radicata | | | | + | + | | | + | | | | | | + | | + | | | | | + | |
| Carex arenaria | | | | 1 | | | + | | | | | + | | | | | | 1 | | | + | |
| Jasione montana | | | | + | | + | | | | | | + | | + | | | | | | | | |
| Hieracium vulgatum | | | | | | | | | | + | | | | + | | | | | | | + | |
| Helichrysum arenarium | | | | | | | | | | | | + | | | | + | | | | | | |
| Polytrichum attenuatum | | | + | | | | | | | | | | | | | | | | + | | + | |
| **Zahl der zufälligen Arten:** | | 2 | 1 | 1 | 2 | | 2 | 1 | | 1 | 1 | 1 | 1 | 3 | 1 | 1 | | 3 | 2 | 6 | 4 | 2 |

Bodenprofil Nr. 27 Abt. 94 — Aufgenommen am 21. Sept. 1950

| | Mechanische Analyse | | | | | Aziditäts-Verhältn. | | | | Glüh-verlust |
|---|---|---|---|---|---|---|---|---|---|---|
| | Anteile in % | | | | | | | Austausch- | | |
| | Kies | Grob-sand | Feins. Staub | Schluff | Ton | pH $H_2O$ | pH KCl | Azid. ccm | Kalk mval | % |
| Auflagehumus fehlt: | | | | | | | | | | |
| 0—5 cm schwarzgrauer humoser Mittelsand; locker, mäßig frisch | | 52,1 | 28,3 | 12,9 | 6,7 | 5,1 | 4,2 | 11,4 | 0,4 | 5,1 |
| 5—35 cm bräunlichgrauer geschiebehaltiger anlehmiger Mittelsand; mäßig frisch | | 59,2 | 27,6 | 9,5 | 3,7 | 5,1 | 4,4 | 7,3 | 0,1 | 1,1 |
| 35—45 cm bräunlicher lehmiger Mittelsand; locker frisch | | 46,6 | 36,1 | 12,1 | 5,2 | 5,2 | 4,4 | 8,5 | 0,3 | 0,7 |
| 45—90 cm graubrauner Lehm, dicht gelagert, polyedrisch brechend, mit rostfarbenen Kluftflächen; leicht sickerwasserstauend | | 31,2 | 35,8 | 15,3 | 17,7 | 4,2 | 3,6 | 29,3 | 1,6 | 2,1 |

Bodenprofil Nr. 28 Abt. 26 — Aufgenommen am 2. August 1950

| | Mechanische Analyse | | | | | Aziditäts-Verhältn. | | | | Glüh-verlust |
|---|---|---|---|---|---|---|---|---|---|---|
| | Anteil in % | | | | | | | Austausch- | | |
| | Kies | Grob-sand | Feins. Staub | Schluff | Ton | pH $H_2O$ | pH KCl | Azid. ccm | Kalk mval | % |
| 2 cm rohhumusartige Auflage | | | | | | | | | | |
| 0—20 cm schwarzgrauer humoser Sand, gebleicht, mäßig trocken | 1,3 | 53,0 | 41,6 | 0,8 | 3,3 | 4,3 | 3,5 | 11,5 | 0,63 | 4,3 |
| 20—40 cm bräunlichgrauer, anlehmiger Mittelsand; locker, mäßig trocken | 2,6 | 65,5 | 30,0 | 0,1 | 1,8 | 4,8 | 4,6 | 5,0 | 0,1 | 2,3 |
| 40—50 cm Geschiebeschicht (bis faustgroße Quarze und Granite) mit anlehm. Mittelsand-Zwischenfüllung | | | | | | | | | | |
| 50—70 cm hellbrauner, kaum anlehmiger Mittelsand; staubtrocken, mäßig locker | 1,4 | 63,7 | 32,1 | 1,1 | 1,6 | 4,8 | 4,5 | 10,0 | 0,1 | 1,5 |
| 70—100 cm rostgelber lockerer Mittelsand mit wellig verlaufenden, verhärteten tonreichen Rostbändern | 1,4 | 74,1 | 17,4 | 0,4 | 6,7 | 4,7 | 4,3 | 25,0 | 0,4 | 1,7 |
| 100—150 cm weißlichgrauer lockerer Mittelsand mit unverhärteten Roststreifen, mäßig frisch | 0,4 | 72,0 | 27,6 | 0,0 | — | 4,7 | 4,6 | 1,8 | 0,1 | 0,3 |

Ohne Bindung an primäre edaphische Faktoren kommen schließlich in allen Untergesellschaften Ausbildungsformen von *Funaria hygrometrica* vor, welche die durch Waldbrände entstandenen Kahlflächen kennzeichnen.

Gesellschaftsvergleich

Innerhalb der armen Kahlschlaggesellschaften (*Epilobion angustifolii*) unterscheidet TÜXEN (1950) eine montan-atlantisch-subatlantische *Digitalis purpurea-Epilobium angustifolium-Ass.* von der normalen *Epilobium angustifolium-Senecio silvaticus-Assoziation.*

*Digitalis purpurea* fehlt in Magdeburgerforth, tritt jedoch schon wenige Kilometer südwestlich (im Revier Reckendorf) in Kahlschlaggesellschaften auf.

Positiv unterscheiden sich die hiesigen Aufnahmen von der westdeutschen *Epilobium angustifolium-Senecio silvaticus-Assoziation* durch das Vorkommen von *Erigeron canadensis.* Diese nordamerikanische Ruderalpflanze ist seit etwa 1700 in Europa eingebürgert und zeigt heute eine merkliche Tendenz zur Ausbreitung im gemäßigt-kontinentalen Klimagebiet (OBERDORFER 1949). Nach den Angaben von HUECK (1931), SCAMONI (1949), RIECKE (1951) und eigenen Beobachtungen ist das kanadische Berufskraut in Ostdeutschland allgemein auf Kahlschlägen verbreitet und kann als kennzeichnende Art für eine östliche Rasse der Weidenröschen-Kreuzkraut-Gesellschaft angesehen werden.

An Untereinheiten finden wir bei TÜXEN (1937) die *Deschampsia caespitosa* — und die typische Subassoziation. HEINEMANN (1949) unterscheidet neben diesen in Belgien noch eine arme Subassoziation von *Deschampsia flexuosa*, die unserer zwergstrauchreichen Calluna-Untergesellschaft entsprechen dürfte (vgl. auch SCHRETZENMAYER 1950).

### b) Waldgeißblatt-Brombeer-Vorgehölz

Im Wege der natürlichen Waldregeneration wird die nitrophile Schlagpflanzengesellschaft in Magdeburgerforth nach 3—5 Jahren von einem Waldgeißblatt-Brombeer-Vorgehölz (s. Ges.-Tab. XIV) abgelöst.

Gesellschaftsaufbau und Untereinheiten:

Gekennzeichnet wird dieses Regenerationsstadium durch *Lonicera periclymenum* und verstärktes Auftreten verschiedener Rubus-Arten (s. Taf. VI, 1). Physiognomisch ist der mannshohe Jungwuchs der Vorwaldholzarten besonders bezeichnend, in dem sich Birke, Eberesche und Eiche durchgesetzt haben. Erst unter ihrem Schutze vermögen sich Waldbrombeeren und Waldgeißblatt auf den hiesigen Kahlflächen zu halten.

Während die bezeichnenden Arten der Kreuzkraut-Gesellschaft zurücktreten, halten sich die allgemeinen Schlagpflanzen (*Epilobium angustifolium*, *Rubus idaeus*, *Calamagrostis epigeios*) auch noch im Vorgehölz. Unter den Begleitern machen sich nur geringfügige Verschiebungen gegenüber der Kreuzkrautgesellschaft bemerkbar, indem Arten, die für eine leichte Beschattung dankbar sind (*Luzula pilosa*, *Deschampsia flexuosa*, *Polytrichum attenuatum*), in verstärktem Maße auftreten.

*Gesellschafts-Tabelle XIV: Waldgeißblatt-Brombeer-Vorgehölz (Lonicera periclymenum-Rubus-Gesellschaft)*

| Aufnahme-Nr.: | 1 | 2 | 3 |
|---|---|---|---|
| Artenzahl: | 23 | 47 | 39 |
| **Kenn- und Trennarten der Gesellschaft:** | | | |
| Lonicera periclymenum | 2 | 2 | 1 |
| Rubus fruticosus coll. | + | 2 | 1 |
| **Kennarten höherer Ordnung:** | | | |
| Epilobium angustifolium | 2 | + | 2 |
| Rubus idaeus | + | 3 | 1 |
| Carex pilulifera | + | + | + |
| Calamagrostis epigeios | | 2 | 4 |
| Senecio silvaticus | + | + | |
| Fragaria vesca | | + | + |
| Sambucus nigra | | + | |
| **Trennarten der Untereinheiten:** | | | |
| Vaccinium myrtillus | 4 | | |
| Luzula campestris | + | | |
| Carpinus betulus | | + | + |
| Deschampsia caespitosa | | + | + |
| Poa pratensis | | 2 | 1 |
| Viola silvestris | | + | + |
| Polygonum dumetorum | | + | + |
| Stellaria holostea | | 1 | 1 |
| Hieracium murorum | | + | + |
| Poa nemoralis | | 3 | |
| Festuca heterophylla | | 1 | |
| Moehringia trinervia | | 1 | |
| Hieracium laevigatum | | + | |

| Aufnahme-Nr.: | 1 | 2 | 3 |
|---|---|---|---|
| Artenzahl: | 23 | 47 | 39 |
| **Pioniergehölze:** | | | |
| Betula pendula (et pubescens) | 2 | 3 | 3 |
| Sorbus aucuparia | 2 | 1 | 2 |
| Quercus robur | 2 | 2 | + |
| Pinus silvestris | + | + | 1 |
| Rhamnus frangula | 2 | 1 | + |
| Populus tremula | | + | + |
| (Fagus silvatica) | + | + | |
| **Übrige Arten:** | | | |
| Deschampsia flexuosa | + | + | 3 |
| Luzula pilosa | + | + | 1 |
| Holcus lanatus | + | + | + |
| Agrostis tenuis | | + | 1 |
| Festuca ovina | + | + | |
| Rumex acetosella | + | + | |
| Veronica officinalis | | + | + |
| Holcus mollis | | 1 | + |
| Hypericum perforatum | | + | + |
| Hieracium lachenalii | | + | + |
| Molinia coerulea | + | + | |
| Polytrichum attenuatum | + | + | + |
| Zahl der zufälligen Arten: | 2 | 8 | 10 |

Ähnlich wie bei der Kreuzkraut-Gesellschaft lassen sich auch hier trotz des geringen Materials edaphisch bedingte floristische Unterschiede erkennen. Zumindest können wir eine arme Myrtillus-Untergesellschaft von der reichen Deschampsia caespitosa-Untergesellschaft trennen. Von den Trennarten der armen Untergesellschaft fallen anscheinend *Calluna* und *Sieglingia decumbens* aus, in der reichen Untergesellschaft kommen *Hieracium murorum*, *Mycelis muralis* u. a. hinzu.

### c) Kahlschlaggesellschaft : Waldgesellschaft

Ein Vergleich zwischen Schlag- und Waldgesellschaft ist häufig schon auf Grund der floristischen Analyse besonders bei Berücksichtigung des Vorgehölzstadiums möglich. Im vorliegenden Falle wurden jedoch noch Bodenuntersuchungen sowie Beobachtungen über Kontaktgesellschaften mit herangezogen.

1. Blühendes Waldgeißblatt *(Lonicera periclymenum)* im Vorgehölzstadium einer Kahlfläche

2. Kiefern-Fichtenforst mit reichem Unterwuchs von ***Rubus fruticosus, Dryopteris austriaca*** und *Oxalis.*
An absterbenden Stämmen Fruchtkörper des Hallimasch (Abt. 48)

*Gesellschafts-Tabelle XIV a: Kahlschlaggesellschaft: Waldgesellschaft*

| Spalte | a | b | c | d | e | f |
|---|---|---|---|---|---|---|
| Zahl der Aufnahmen | 10 | 40 | 7 | 30 | 5 | 21 |
| Mittlere Artenzahl | 21 | 15 | 19 | 20 | 33 | 26 |
| **Holzarten (Baum- und Strauchschicht):** | | | | | | |
| Populus tremula | II | | III | I | | |
| Pinus silvestris | V | (V) | V | (V) | IV | |
| Sorbus aucuparia | II | II | III | IV | IV | III |
| Betula pendula et pubescens | V | III | V | V | V | II |
| Quercus robur | IV | III | III | IV | V | V |
| Fagus silvatica | II | V | I | III | I | V |
| Carpinus betulus | | | | | VI | V |
| **Schlagpflanzen:** | | | | | | |
| Senecio silvaticus | V | | V | I | V | |
| Epilobium angustifolium | V | | V | | V | |
| Calamagrostis epigeios | III | | V | | V | II |
| Erigeron canadensis | III | | III | | I | |
| Senecio viscosus | I | | II | | I | |
| **Anspruchslose Arten:** | | | | | | |
| Vaccinium myrtillus | IV | V | I | V | | |
| Calluna vulgaris | V | II | I | II | | |
| Pteridium aquilinum | | II | | III | | |
| Leucobryum glaucum | I | IV | | V | | |
| Hylocomium schreberi | | III | | III | | |
| Dicranum undulatum | | IV | | II | | |
| Hypnum cupressiforme | | II | | III | | |
| Scleropodium purum | | II | | III | | |
| **Anspruchvollere Arten:** | | | | | | |
| Deschampsia caespitosa | | | | | V | III |
| Poa nemoralis | | | | | IV | III |
| Viola silvestris | | | | | III | III |
| Polygonum dumetorum | | | | | III | III |
| Moehringia trinervia | | | | | III | III |
| Stellaria holostea | | | | | II | V |
| Milium effusum | | | | | I | IV |
| Anemone nemorosa | | | | | | IV |
| Mycelis muralis | | | | | | III |
| Polygonatum multiflorum | | | | | | III |
| Catharinea undulata | | | | | | II |
| **Trennarten der feuchten Ausbildungen** (Fußnote siehe nächste Seite) | (40) | (45) | (45) | (75) | (60) | (65)[1] |
| Molinia coerulea | II | II | II | IV | II | I |
| Rhamnus frangula | II | I | II | IV | III | II |
| Rubus fruticosus | II | I | | III | III | II |
| Dryopteris spinulosa | | II | | IV | | II |
| Oxalis acetosella | | II | | III | | III |
| Lamium galeobdolon | | | | | | II |
| Athyrium filix femina | | | | | | II |
| Festuca gigantea | | | | | | II |

*Gesellschafts-Tabelle XIV a: Kahlschlaggesellschaft : Waldgesellschaft*

| Spalte | a | b | c | d | e | f |
|---|---|---|---|---|---|---|
| Zahl der Aufnahmen | 10 | 40 | 7 | 30 | 5 | 21 |
| Mittlere Artenzahl | 21 | 15 | 19 | 20 | 33 | 26 |
| Trennarten der trockenen Ausbildung | (60) | (55) | (55) | (25) | (40) | (35)[1] |
| Agrostis tenuis | V | I | V | II | V | II |
| Festuca ovina | V | III | III | II | IV | I |
| Veronica officinalis | III | I | III | I | IV | II |
| Anthoxanthum odoratum | II | I | III | II | II | I |
| Hieracium lachenalii | I | I | I | I | I | I |
| Festuca heterophylla | | | | | III | II |
| Poa pratensis | | | | | III | II |
| Hieracium laevigatum | | | | | II | II |
| Waldfremde Arten: | | | | | | |
| Juncus effusus + conglomeratus | II | | IV | | IV | |
| Holcus lanatus | II | | | | III | |
| Rumex acetosella | III | | V | I | IV | |
| Hieracium pilosella | III | | III | I | I | |
| Hypochoeris radicata | II | | II | | I | |
| Corynephorus canescens | II | | III | | | |
| Jasione montana | I | | II | | | |
| Waldpflanzen: | | | | | | |
| Majanthemum bifolium | | III | | II | | IV |
| Melampyrum pratense | | II | | I | | II |
| Lonicera periclymenum | | II | | I | | II |

Danach entwickelt sich die arme bzw. typische Untergesellschaft der Kahlschläge zum Heidelbeer-Buchen- bzw. Eichen-Birkenwald, die reiche Untergesellschaft zum Eichen-Hainbuchenwald.

Die Gegenüberstellung (Ges.-Tab. XIVa) der entsprechenden Kahlschlag- bzw. Waldgesellschaften veranschaulicht die wichtigsten floristischen Unterschiede zwischen beiden Stadien. Von den Holzarten zeigen Kiefer und Aspe eine deutliche Schwerpunktbildung auf der Kahlfläche, sie sind somit ausgesprochene Vorwaldholzarten; für die Buche gilt das Gegenteil.

---

[1]) Prozentanteil der zur feuchten bzw. trockenen Ausbildung gehörigen Aufnahmen. — Liegt dieser Prozentsatz unter dem der Stetigkeitsklasse entsprechenden (vgl. Agrostis tenuis auf der Kahlfläche), so ist diese Pflanze keine Trennart.

Weidenröschen-Kreuzkraut-Gesellschaft
- Spalte a: Calluna Untergesellschaft;
- Spalte c: typische Untergesellschaft;
- Spalte e: Deschampsia caespitosa-Unterges.

Laubmischwälder
- Spalte b: Heidelbeer-Buchenwald (summarisch);
- Spalte d: Eichen-Birkenwald (summarisch ohne Euphorbia cyparissias-Untergesellschaft)
- Spalte f: Stieleichen-Hainbuchenwald (summarisch).

Die Gruppe der Kahlschlagpflanzen fehlt im naturnahen Walde. Einerseits besitzen diese meist lichtliebenden Arten, abgesehen von *Rubus* und *Calamagrostis epigeios*, nur wenig Konkurrenzkraft und werden daher gewöhnlich schon während des Vorwaldstadiums wieder verdrängt. Zum anderen sind sie als Nitratpflanzen an die begrenzte Dauer der durch Freilage ausgelösten Veränderungen im Auflagehumus (vgl. WITTICH 1930) gebunden.

Eine zweite Gruppe setzt sich aus waldfremden Triftrasen- bzw. Sandflur-Arten (*Rumex acetosella*, *Corynephorus canescens*, *Jasione montana*, *Hieracium pilosella*, *Hypochoeris radicata* u. ä.) zusammen. Es sind trockenresistente azidophile Pionierpflanzen, die nach Aufzehrung des Waldhumus vom ärmeren, nackten Boden Besitz ergreifen. — In der Regel kommt es bei uns jedoch nicht zur Ausbildung einer Silbergrasflur, eines Borstgrasrasens oder gar einer Calluna-Heide, denn die Besiedelung alten Waldbodens durch Pioniergehölze geht ziemlich rasch vonstatten. — Auf Grund eines geringen Schattenerträgnisses verschwinden diese Trockenrasenarten sehr bald wieder. — Gleiches gilt auch für die wenigen Wiesenpflanzen (*Juncus effusus*, *Juncus conglomeratus*, *Holcus lanatus*).

Gemieden wird die Kahlfläche schließlich von einer ganzen Reihe von Waldpflanzen, die sich zu zwei ökologischen Artengruppen (im Sinne SCHLENKERS 1950) zusammenfassen lassen. — Einmal sind es frost- bzw. strahlungsschutzbedürftige Waldpflanzen, zu denen im Revier Magdeburgerforth *Pteridium aquilinum*, *Majanthemum*, *Lonicera periclymenum*, *Melampyrum pratense*, *Anemone nemorosa*, *Mycelis muralis*, *Polygonatum multiflorum*, (*Milium effusum* und *Vaccinium myrtillus*) gehören. Diese Arten wie auch die Buche leiden selbst an Bestandsrändern durch die in Magdeburgerforth häufig auftretenden Spät- und Frühfröste oder durch direkte Sonneneinstrahlung Schaden; auf Kahlflächen verschwinden sie in kurzer Zeit. Eine zweite Gruppe bilden die feuchtigkeitsholden Moose (*Hylocomium schreberi*, *Dicranum undulatum*, *Hypnum cupressiforme*, *Scleropodium purum*, *Catharinea undulata*), denen wohl die Luftruhe (Verdunstungsschutz) des Waldinnern mit ihrem Luftfeuchtigkeitsstau fehlt. Von allen drei Faktoren (Frost-, Strahlungs- und Verdunstungsschutz) sind vermutlich *Oxalis*, *Mycelis*, *Athyrium* und *Dryopteris* abhängig.

Auch unter den der Kahlfläche wie dem Wald gemeinsamen Arten treten analoge Anteilverschiebungen auf. So nehmen die lichtliebenden, trockenresistenten Gräser (*Agrostis tenuis*, *Festuca ovina* u. a.) auf der Kahlfläche zu. — Hieraus erklärt sich die Tatsache, daß ein grundwasserferner Boden auf der Kahlfläche nur noch durch das negative Merkmal (Fehlen der Grundwasserzeiger) erkannt werden kann, denn die im Walde ihn kennzeichnenden Trockenpflanzen (*Festuca ovina*, *Agrostis tenuis*, *Anthoxanthum odoratum*, *Veronica officinalis*) dringen auf der Kahlfläche auch auf die oberflächlich abtrocknenden Grundwasserböden vor.

Schließlich sei noch auf das unterschiedliche Verhalten der Zwergsträucher (*Calluna* und *Myrtillus*) auf den hiesigen Kahlflächen der armen Laubmischwälder hingewiesen. Im Eichen-Birkenwald zeigen sie den gleichen Anteil wie im Heidelbeer-Buchenwald; auf der Kahlfläche halten sie sich nur im Bereiche des letzteren. An standörtlichen Unterschieden hatten wir bereits stärkere Rohhumusdecken bei den Buchenwald-Böden gegenüber denen des Eichen-Birkenwaldes festgestellt. Hierin kann allerdings kaum der unmittelbare Grund für das unterschiedliche Verhalten der Zwergsträucher zu suchen sein. Entscheidend für ihr Verbleiben oder Verschwinden auf Kahlflächen sind die Fröste. — Daher müssen auch lokal-klimatische Unterschiede zwischen den Standorten des Heidelbeer-Buchenwaldes und Eichen-Birkenwaldes bestehen. Die stärker frostgefährdeten Lokalitäten (Quellmoor-Randgebiete, ungeschützte Waldränder) besiedelt im Revier der Eichen-Birkenwald, die geschützteren Waldkomplexe der Heidelbeer-Buchenwald. — Während die Unterschiede zwischen beiden Waldgesellschaften in der Bodenflora nur sehr gering sind, kommen sie auf der Kahlfläche (mit ihrem extremer temperierten Standortsklima) deutlich zum Ausdruck.

## *2. Forstgesellschaften*

### a) Heidelbeer-Kiefern-(Buchen-)Forst

Die floristische Zusammensetzung mitteljähriger Kiefern-Fichten-Bestände auf Standorten des grundwassernahen bzw. grundwasserfernen Heidelbeer-Buchenwaldes veranschaulicht Ges.-Tab. XV. Die Verwandtschaft zum natürlichen Heidelbeer-Buchenwald ist trotz der großen Abweichungen in der Baumschicht unverkennbar. — In der Strauchschicht bahnt sich bereits die Naturwaldregeneration (Jungwuchs von Eiche und Buche) an.

Unter den Hauptarten der Bodenflora sind nur geringe Verschiebungen zu verzeichnen, dagegen fallen von den Trennarten der Molinia-Untergesellschaft *Dryopteris austriaca* und *Rhamnus frangula* als Grundwasserzeiger aus, da sie in der Forstgesellschaft auch auf trockene Böden vordringen. — Von den Trennarten der Festuca-Untergesellschaft greift *Anthoxanthum* auf feuchte Standorte über, und *Melampyrum pratense* fehlt im Kiefernforst ganz. Abgesehen von einem verstärkten Auftreten der Moose unterscheidet sich die natürliche Waldgesellschaft positiv durch einige mesotrophe Pflanzen (*Lonicera periclymenum, Luzula pilosa, Majanthemum bifolium, Ceratodon purpureum*), während für die Forstgesellschaft einige Schlagpflanzen und Nadelholzbegleiter, vor allem *Scleropodium purum*, bezeichnend sind.

Im ganzen gesehen sind die floristischen Veränderungen, die ein Kiefernbestand auf armem Laubwaldstandort verursacht, nur gering (vgl. auch die Artenzahlen in Ges.-Tab. XV).

### b) Sternmieren-Kiefern-(Hainbuchen-)Forst

Die Zusammensetzung von Kiefern-Baumhölzern auf Standorten des Eichen-Hainbuchenwaldes veranschaulicht Ges.-Tab. XVI. Auch hier (es handelt sich um Nadelholzbestände 1.—2. Generation nach Laubholz) ist die Zugehörigkeit zum Eichen-Hainbuchenwald floristisch deutlich erkennbar. Unter den stand-

*Gesellschafts-Tabelle XV: Heidelbeer-Kiefern-(Buchen-)Forstgesellschaft*

| Spalte | a | b | | | | | c |
|---|---|---|---|---|---|---|---|
| Aufnahme (-Zahl) Nr. | (18) | 1 | 2 | 3 | 4 | 5 | (22) |
| Artenzahl | 16 | 17 | 15 | 16 | 18 | 20 | 15 |
| **Baumschicht:** | | | | | | | |
| Fagus silvatica | V | | | | | | V |
| Quercus robur | III | | | | | | III |
| Betula pubescens + pendula | III | | | | | | II |
| Pinus silvestris | (V) | 4 | 3 | 3 | 4 | 5 | (V) |
| Picea excelsa | | 2 | 4 | 3 | | | |
| **Strauchschicht:** | | | | | | | |
| Fagus silvatica | IV | + | | + | + | + | V |
| Quercus robur | I | | | | + | + | I |
| Sorbus aucuparia | II | + | + | 1 | | | I |
| Betula pubesceus + pendula | II | | + | 3 | | + | I |
| Pinus silvestris | I | | + | + | 2 | + | III |
| **Trennarten der feuchten Ausbildung:** | | | | | | | |
| Dryopteris austriaca | IV | + | + | + | + | + | |
| Rhamnus frangula | II | | + | 3 | | + | |
| Molinea coerulea | IV | 3 | 3 | 3 | | | |
| Pteridium aquilinum | IV | 5 | 5 | | | | I |
| Oxalis acetosella | IV | 4 | 2 | | | | |
| Rubus idaeus | II | + | | + | | | |
| Rubus fruticosus | II | | | + | | | |
| **Trennarten der trockenen Ausbildung:** | | | | | | | |
| Anthoxanthum odoratum | | | + | | + | | II |
| Festuca ovina | I | | | | + | + | V |
| Calluna vulgaris | | | | | + | | III |
| Hieracium lachenalii | | | | | + | | II |
| Sieglingia decumbens | | | | | + | + | I |
| Agrostis tenuis | | | | | | + | I |
| Rumex acetosella | | | | | | | I |
| Melampyrum pratense | | | | | | | IV |
| **Schlagpflanzen:** | | | | | | | |
| Epilobium angustifolium | | + | | | | | |
| Juncus effusus et conglomeratus | | | | | + | + | |
| Senecio silvaticus | | | | | | + | |
| Calamagrostis epigeios | | | | | | + | |
| **Mesotrophe Arten:** | | | | | | | |
| Luzula pilosa | IV | | | | | | III |
| Majanthemum bifolium | IV | | | | | | I |
| Lonicera periclymenum | III | | | | | | I |
| Ceratodon purpureum | III | | | | | | II |

*Gesellschafts-Tabelle XV: Heidelbeer-Kiefern-(Buchen-)Forstgesellschaft*

| Spalte | a | b | | | | | c |
|---|---|---|---|---|---|---|---|
| Aufnahme (Zahl) Nr.: | (18) | 1 | 2 | 3 | 4 | 5 | (22) |
| Artenzahl | 16 | 17 | 15 | 16 | 18 | 20 | 15 |
| **Anspruchlose Arten:** | | | | | | | |
| Vaccinium myrtillus | V | 1 | 1 | 4 | 3 | + | V |
| Carex pilulifera | IV | | | | + | + | V |
| Deschampsia flexuosa | I | | | | | + | II |
| Leucobryum glaucum | IV | + | 2 | 2 | + | | V |
| Hylocomium schreberi | II | | 3 | 3 | 3 | 4 | IV |
| Hypnum cupressiforme | I | 2 | | 1 | 2 | 1 | III |
| Dicranum undulatum | II | 1 | | | 1 | | V |
| Polytrichum attenuatum | IV | | 2 | | | + | II |
| **Nadelholzbegleiter:** | | | | | | | |
| Scleropodium purum | I | 3 | 3 | 1 | + | 1 | I |
| Vaccinium vitis-idaea | | | | 3 | | | |
| Genista pilosa | | | | | + | + | |

Heidelbeer-Buchenwald
Spalte a: Molinia-Untergesellschaft;
Spalte c: Melampyrum-Untergesellschaft.
Kiefern-(Buchen-)Forstgesellschaft (Spalte b).

ortsfremden Holzarten der Baumschicht bildet der Jungwuchs von Vor- und Naturwaldholzarten die Strauchschicht. Ein großer Teil der Haupt- und Kennarten des Eichen-Hainbuchenwaldes findet sich in gleichem Maße noch in der Kiefernforstgesellschaft.

Merkliche Verschiebungen ergeben sich jedoch schon bei der Betrachtung der Trennartengruppen der grundwassernahen und grundwasserfernen Wälder. Hier zeigen *Dryopteris austriaca* und *Oxalis acetosella* in der ersteren, *Agrostis tenuis, Anthoxanthum odoratum* und *Deschampsia flexuosa* in der letzten Gruppe nicht wie im naturnahen Wald eine Bindung an bestimmte Feuchtigkeitsstufen. Außerdem fehlen der Forstgesellschaft zahlreiche anspruchsvollere Pflanzen wie *Anemone nemorosa, Lamium galeobdolon, Stachys silvatica, Ranunculus ficaria, Catharinea undulata, Poa pratensis* und auch weniger anspruchsvolle, so *Majanthemum bifolium, Melampyrum pratense,* ähnlich wie im Kiefern-(Buchen-) Forst. Unter den zahlreichen Pflanzen, die in der Kiefern-(Hainbuchen-)Forstgesellschaft ihren Schwerpunkt haben, lassen sich 3 Gruppen unterscheiden:

1. Schlagpflanzen, von denen *Rubus, Calamagrostis epigeios* und *Juncus* die häufigsten sind;
2. die nadelholzbegleitenden Moose und Zwergsträucher, besonders *Scleropodium purum* und *Vaccinium myrtillus*
3. licht- und wärmeliebende Arten wie *Carex hirta, Arrhenatherum elatius, Linaria vulgaris.*

Somit sind die floristischen Unterschiede zwischen dem Eichen-Hainbuchenwald und seiner Kiefern-Forstgesellschaft recht erheblich (vgl. auch die Artenzahlen in Ges.-Tab. XVI).

*Gesellschafts-Tabelle XVI: Kiefern-(Hainbuchen-)Forstgesellschaft*

| Spalte | a | b | | | | | | c |
|---|---|---|---|---|---|---|---|---|
| Aufnahme(-Zahl) Nr. | (14) | 1 | 2 | 3 | 4 | 5 | 6 | (8) |
| Artenzahl | 27 | 34 | 25 | 39 | 33 | 34 | 39 | 24 |
| **Baumschicht:** | | | | | | | | |
| Carpinus betulus | V | | | | | | | V |
| Fagus silvatica | V | | | | | | | V |
| Quercus robur | IV | | | | | | | V |
| Betula pubescens + pendula | II | + | 1 | 2 | 2 | + | 1 | II |
| Pinus silvestris | | 4 | 4 | 4 | 4 | 4 | 5 | |
| Picea excelsa | | | | 1 | | | | |
| S: Carpinus betulus | IV | | + | + | 2 | 1 | 1 | IV |
| Fagus silvatica | II | | | + | | + | + | III |
| Quercus robur | II | + | + | + | + | + | + | II |
| Sorbus aucuparia | III | + | + | 2 | 1 | + | + | IV |
| Rhamnus frangula | II | 4 | 3 | 3 | + | + | | II |
| Betula pendula | I | + | + | 1 | | + | + | I |
| Populus tremula | I | | | + | | | + | |
| **Trennarten der feuchten Ausbildung:** | | | | | | | | |
| Dryopteris spinulosa | IV | 1 | 1 | + | 1 | + | + | |
| Oxalis acetosella | IV | 3 | + | 1 | | + | + | |
| Molinea coerulea | I | + | | + | + | | | |
| Festuca gigantea | III | + | | | | | | |
| Lysimachia vulgaris | II | + | | | | | | |
| Lamium galeobdolon | III | | | | | | | |
| Ranunculus ficaria | II | | | | | | | |
| Stachys silvatica | II | | | | | | | |
| Athyrium filix femina | II | | | | | | | |
| **Trennarten der trockenen Ausbildung:** | | | | | | | | |
| Agrostis tenuis | | 1 | + | + | 1 | + | 2 | IV |
| Anthoxanthum odoratum | | + | | | + | 1 | 1 | II |
| Deschampsia flexuosa | | | | 3 | 1 | + | + | II |
| Festuca heterophylla | | | | | + | + | + | IV |
| Hieracium lachenalii | | | | | | + | + | II |
| Hypericum perforatum | | | | | | + | + | I |
| Melampyrum pratense | | | | | | | | V |
| Hieracium laevigatum | | | | | | | | V |
| Poa pratensis | I | | | | | | | III |
| **Anspruchsvollere Arten:** | | | | | | | | |
| Stellaria holostea | V | 3 | + | + | 1 | + | | V |
| Luzula pilosa | IV | + | + | + | + | + | 1 | V |
| Viola silvestris | IV | + | | + | + | + | + | II |
| Milium effusum | V | | + | + | + | | + | IV |
| Moehringia trinervia | III | + | | | + | 1 | + | II |
| Deschampsia caespitosa | IV | 1 | + | + | | | + | II |
| Poa nemoralis | IV | | | | | + | + | IV |
| Mycelis muralis | IV | + | | | | 1 | | II |
| Polygonum dumetorum | III | + | | | | | | II |
| Polygonatum multiflorum | III | | | + | | | | III |
| Scrophularia nodosa | III | | | + | | | | II |
| Dactylis glomerata | III | | | | | 1 | | II |

*Gesellschafts-Tabelle XVI: Kiefern-(Hainbuchen-)Forstgesellschaft*

| Spalte | a | b | | | | | | c |
|---|---|---|---|---|---|---|---|---|
| Aufnahme(-Zahl) Nr. | (14) | 1 | 2 | 3 | 4 | 5 | 6 | (8) |
| Artenzahl | 27 | 34 | 25 | 39 | 33 | 34 | 39 | 24 |
| **Azidophile Arten:** | | | | | | | | |
| Carex pilulifera | III | + | + | | + | | + | V |
| Holcus mollis | II | 2 | | + | + | | + | V |
| Veronica officinalis | II | | | + | | | + | III |
| Lonicera periclymenum | II | | | | 1 | | | II |
| Polytrichum attenuatum | III | | 1 | + | + | | 2 | V |
| **Waldpflanzen:** | | | | | | | | |
| Anemone nemorosa | V | | + | | | | | IV |
| Majanthemum bifolium | IV | | | + | | | | IV |
| Hieracium silvaticum | II | | | | | | | III |
| Catharinea undulata | II | | | | | | | II |
| **Schlagpflanzen:** | | | | | | | | |
| Rubus idaeus | III | 2 | + | 2 | 2 | 1 | 1 | II |
| Rubus fruticosus coll. | III | + | | 1 | + | 1 | + | II |
| Calamagrostis epigeios | II | 1 | + | + | 4 | 1 | 3 | II |
| Juncus effusus + conglom. | I | + | + | + | + | + | + | II |
| Epilobium angustifolium | | | | + | | + | | |
| Rumex acetosella | | | | + | + | | | |
| Senecio silvaticus | | | | | | + | + | |
| **Forstpflanzen und Nadelholzbegleiter:** | | | | | | | | |
| Carex hirta | | 1 | | + | 1 | 4 | + | |
| Arrhenatherum elatius | | + | | | 2 | | + | |
| Linaria vulgaris | | | | + | | + | + | |
| Fragaria vesca | | | | | | + | + | |
| Vaccinium myrtillus | | + | | + | | 1 | + | |
| Potentilla erecta | | + | | | | | | |
| Pyrola secunda | | | | | | + | | |
| Scleropodium purum | | 3 | 3 | 2 | 4 | 4 | 4 | |
| Entodon schreberi | | 1 | + | 4 | + | | 2 | I |
| Dicranum undulatum | | | 1 | + | + | | | |
| Leucobryum glaucum | | | + | + | | | | |
| Zufällige Arten: | | 3 | 2 | 1 | 2 | | 2 | |

Kiefern-(Hainbuchen-)Forstgesellschaft (Spalte b)

Stieleichen-Hainbuchenwald (summarisch)

Spalte a: Feuchte Ausbildungen

Spalte c: Melampyrum-Untergesellschaft

### c) Forstgesellschaft — Waldgesellschaft

Beim Vergleich der Artenverschiebungen in beiden Forstgesellschaften ergeben sich einige Parallelen.

In der Strauchschicht der Forstgesellschaft findet sich in der Regel neben Pioniergehölzen auch der Jungwuchs der standortsheimischen Holzarten. In der Bodenflora wird eine Verschlechterung der bodenbiologischen Gegebenheiten durch den Ausfall der jeweils anspruchsvolleren Arten zum Ausdruck gebracht. An ihre Stelle treten Schlagpflanzen und Nadelholzbegleiter. Schließlich deutet die Zunahme feuchtigkeitsholder Pflanzen (*Dryopteris austriaca*, *Oxalis*, *Rubus fruticosus*; s. Taf. VI, 2) bzw. heliophiler Gräser (*Agrostis tenuis*, *Anthoxanthum odoratum*) auf ein verändertes Bestandsklima in Kiefernforsten hin. Diese anscheinend gegensätzlichen Gegebenheiten sind wohl darauf zurückzuführen, daß die feuchtigkeitsholden Arten durch die wasserspeichernde Moosdecke, die heliophilen Arten durch die geringere Beschattung (Kiefer gegenüber Buche-Hainbuche) begünstigt werden.

Ein Vergleich der hiesigen Ergebnisse mit denen anderer Autoren bestätigt weitgehend die lokalen Feststellungen. So ergaben die Untersuchungen von SCHMIDT und v. GAISBERG (1936) in Fichtenforsten Württembergs, daß sich zahlreiche Fichtenbegleiter, besonders Moose, und mit ihnen auch feuchtigkeitsliebende Fichtenwaldpflanzen in den Forsten angesiedelt hatten. — Weiter beschreibt BUCHWALD (1951 a) Kiefernforsten, die sich gegenüber der natürlichen Waldgesellschaft (Eichen-Birkenwald) durch verstärktes Auftreten von *Dryopteris austriaca*, *Oxalis*, *Dicranum undulatum*, *Entodon schreberi*, *Scleropodium purum* sowie *Rubus fruticosus*, *Rubus idaeus* und *Epilobium angustifolium* auszeichnen. Interessanterweise werden auch sie von *Melampyrum pratense* gemieden. Aus der Eilenriede beschreibt LOHMEYER (1951) einen „Heidelbeer-Kiefern-(Eichen-Birken)-Forst“ mit dichtem Unterwuchs von Eiche, Birke und Eberesche, der sich durch eine geschlossene Moosdecke sowie Oxalis-Herden von der natürlichen Waldgesellschaft unterscheidet. SCAMONI führt aus dem Stadtforst Biesenthal (1950) neben einer Aufnahme des Buchen-Traubeneichenwaldes die entsprechende aus einem Kiefernbestand an. Aus dem Vergleich ist vor allem eine starke Zunahme der Nadelholzbegleiter (*Vaccinium myrtillus*, *Vaccinium vitis-idaea*, *Entodon schreberi*, *Dicranum undulatum*, *Scleropodium purum*) ersichtlich. — In Kiefernforstgesellschaften im Bereich des reichen Traubeneichen-Hainbuchen-Lindenwaldes breiten sich nach Untersuchungen von BUTZKE (1952) u. a. *Rubus idaeus*, *Calamagrostis epigeios* (Schlagpflanzen), *Vaccinium myrtillus*, *Entodon schreberi*, *Scleropodium purum* (Nadelholzbegleiter), *Agrostis tenuis*, *Deschampsia flexuosa*, *Holcus mollis*, *Fragaria vesca* (heliophile Arten) sowie *Dryopteris austriaca* stark aus.

Aus dem Ergebnis der Untersuchungen ist für die forstliche Praxis die festgestellte Verschiebung des Zeigerwertes bestimmter Bodenpflanzen von besonderer Bedeutung. Die im Walde strikt an grundwasserferne Böden gebundenen trockenresistenten Gräser dringen auf der Kahlfläche und in Kiefernforsten auch auf grundwasserbeeinflußte Böden vor. Andererseits besiedeln feuchtigkeitsliebende Pflanzen (*Oxalis*, *Dryopteris austriaca*), die sich im Walde örtlich als Grundwasserzeiger erwiesen haben, innerhalb der Kiefernforsten auch grundwasserferne Böden (vgl. auch SCHÖNHAR 1954).

Eine Übertragung der in naturnahen Wäldern gesammelten Erfahrungen hinsichtlich des Zeigerwertes bestimmter Bodenpflanzen auf Kahlflächen oder Kunstbestände kann daher zu falschen Schlüssen führen. Bei der Verwendung der Bodenflora zum Zwecke der Standortsansprache ist daher vor einer einheitlichen, schematisierenden Behandlung von Wald, Forst und Kahlfläche zu warnen.

# C. Vorschläge zur waldbaulichen Auswertung

## I. Die forstlichen Standortsformen

Wie in der angewandten Pflanzensoziologie der Zeigerwert einer Art nur innerhalb der ökologisch engen Spanne einer Gesellschaft betrachtet werden kann, so muß sich die Erörterung der Anbauwürdigkeit einer Holzart auf den Bereich der gleichwertigen Standorte beschränken.

Solche in waldbaulicher Hinsicht gleichwertigen Standorte bezeichnen wir mit KRAUSS (1930) als Standortsformen. Da die Waldgesellschaft Standorte gleicher oder ähnlicher natürlicher Holzartenkombination umfaßt, und diese die sicherste Grundlage für die waldbauliche Planung darstellen, werden die forstlichen Standortsformen im wesentlichen auch den Einheiten der Naturwaldstandorte entsprechen.

Auf der Grundlage der standörtlich-vegetationskundlichen Ergebnisse, ergänzt durch Beobachtungen über Bewurzelung, Ertragsleistung und Krisenfestigkeit der einzelnen Holzarten, ergibt sich für das Revier Magdeburgerforth die folgende Standortsgliederung:

A. Grundwasserbeeinflußte Standorte des Vorflämings

1. Erlenwald-Standorte mit guter Grundwasserbewegung und milden organischen (-mineralischen) Naßböden
   a) eschenfähige Erlenwald-Standorte mit kalkreichem Grundwasser (über 100 mg CaO/l), mildem Feintorf oder lehmig-tonigen Schichten im Unterboden
   b) Erlenbruch-Standorte auf Torfböden mittlerer Güte oder Torfdecken über Talsand
2. Birkenbruch-Standorte mit geringer Grundwasserbewegung und sauren organischen Naßböden
3. Standorte des Pfeifengras-Stieleichenwaldes mit kalkarmem, mehr oder minder stagnierendem Grundwasser in 50—150 cm Tiefe
   a) Sandböden mittlerer bis geringer Qualität
   b) Torfböden (einschließlich Torfdecken von mehr als 30 cm Stärke) mit mittlerem bis geringem Feinhumusgehalt und hohem Säuregrad
4. Standorte des Widerton-Stieleichen-Hainbuchenwaldes mit kalkreichem (um 100 mg CaO/l), bewegtem Grundwasser in 50—150 cm Tiefe

5. Lehmbeeinflußte Standorte des Waldziest-Hainbuchenwaldes mit Sanddecken zwischen 30—150 cm Stärke über lehmig-tonigen Schichten und kalkreichem Grundwasser in 50—150 cm Tiefe

B. Grundwasserferne Standorte des Flämingplateaus

6. Lehmbeeinflußte Standorte des Traubeneichen-Hainbuchenwaldes mit bis 150 cm starken, anlehmigen Sanddecken über meist dicht gelagertem Geschiebelehm
7. Standorte des astmoosreichen Buchenwaldes
   a) mit mittleren bis guten Sanden in ebener Hochflächenlage
   b) mit produktionskräftigen Grobsanden und Kiesen in Rückenlage
8. Standorte der Kiefern-Eichenmischwälder mit mittleren bis geringen durchlässigen Sanden in z. T. exponierter Lage
9. Waldrandstandorte in unmittelbarer Nachbarschaft von Äckern oder Wiesen.

## II. Örtliche Erfahrungen über die Anbauwürdigkeit der einzelnen Holzarten

Aufbauend auf den allgemeingültigen Erfahrungen und Grundsätzen über eine standortsgemäße Bestockung (WITTICH 1947, SCAMONI 1954a, WAGENKNECHT 1955), soll hier nur auf die örtlichen Besonderheiten eingegangen werden.

### a) Erlenwaldstandorte

Die Erlenwaldstandorte wird man im Untersuchungsgebiet wie auch allgemein der natürlichen Hauptholzart, der Erle, vorbehalten. Sie allein besitzt die Fähigkeit, mit ihrem Wurzelwerk in den ständig grundwasserbeeinflußten Bereich vorzudringen (s. Taf. VII, 1) und ist somit in der Lage, in Naßböden auch tieferliegende nährstoffkräftige Schichten (Lehm, Kies u. ä.) auszunutzen.
Auf den reicheren, eschenfähigen Erlenwaldstandorten zeigt die Erle bei Wuchsleistungen I. bis II. Ertragsklasse gute Schaftformen, so daß eine Erziehung von Erlenschälholz in 80—100jährigem Umtrieb möglich ist. Als wertsteigernde Mischhölzer wären örtlich Esche, Bergahorn und Flatterulme zu empfehlen. — Über die Anbauwürdigkeit der Pappel auf den hiesigen Quellbruchstandorten liegen keine Erfahrungen vor.
Die geringwertigeren Erlenbruchstandorte tragen Erlenbestände II. bis III. Ertragsklasse. Mäßige Schaftformen rücken die Erzeugung von Nutzrollen in den Vordergrund, wofür eine Umtriebszeit von 50—60 Jahren ausreichend ist.
Von Natur aus treten auf den Quellbruchstandorten noch Buche, Moorbirke und vereinzelt Aspe als Mischhölzer auf. — Geringe Massen- und Wertleistung sowie starker, frühzeitig einsetzender Polyporus-Befall lassen Buche und Moorbirke jedoch nicht anbauwürdig erscheinen. Demgegenüber ist die Aspe ausge-

sprochen frohwüchsig, und ihre meist gute Schaftbildung läßt schon mit 50—60 Jahren eine Verwendung als Schälholz zu.
Nicht anbauwürdig sind sämtliche Nadelhölzer, vor allem die Fichte, da sich unter dieser sehr bald Torfmoose einfinden als sichtbares Zeichen der Degradation dieser labilen Erlen-Quellmoor-Standorte.

### b) Birkenbruchstandorte

Im Birkenbruch erreicht die Moorbirke, wie allgemein so auch im Gebiet, ein Maximum ihrer natürlichen Verbreitung, örtlich zugleich wohl auch ein Optimum. Ihre Wuchsleistungen sind befriedigender als im Erlenbruch, vor allem aber ist hier der Polyporus-Befall wesentlich geringer als auf Erlenstandorten. Dennoch sind einige Nadelhölzer wie Kiefer (II. bis III. Ertragsklasse), Fichte und Weymouthskiefer eher anbauwürdig als die Moorbirke. Auf Grund der besonderen Verhältnisse in den hiesigen Birkenquellbrüchen strebt die natürliche Entwicklung dieser Standorte zum erheblich produktionskräftigeren Molinia-Stieleichenwald auf Torf. Diese natürliche Entwicklung läßt sich durch erhöhten Wasserverbrauch und verstärkte Streuproduktion (= Torfwachstum) beschleunigen, zwei Bedingungen, denen ein Nadelholzbestand weit eher gerecht wird als ein Moorbirkenwald.
Schließlich ist auch die absolute Ertragsleistung, massen- und wertmäßig gesehen (Kiefernbauholz, Weymouthskiefernschälholz), beim Nadelholzbestand erheblich höher. Die Ausfälle sind gewöhnlich nur gering, denn für den Hallimasch sind diese Standorte noch zu naß, desgleichen wohl auch für die Fichtenrotfäule. — So zeigte ein 90jähriger Fichtenbestand in Abteilung 46 einen Rotfäule-Befall von kaum 1%.
Erwähnt werden muß allerdings, daß fast sämtliche Fichtenbaumhölzer im Revier Magdeburgerforth dem Borkenkäferfraß 1947—1949 zum Opfer gefallen sind. Immerhin haben sie bis dahin (70—90jährig) bereits hiebreife Stammware und hohe Massenerträge geliefert. Die Katastrophenfestigkeit dieser Nadelholzbestände sollte durch Beigabe geeigneter Laubmischholzarten wie Aspe und Moorbirke, erhöht werden.

### c) Grundwasserstandorte des Molinia-Stieleichenwaldes

Das Revier weist an armen Grundwasserstandorten, die hier wie allgemein im wesentlichen dem Nadelholzanbau vorzubehalten sind, Torf- und Sandböden auf. Die anbauwürdigen Holzarten auf armen mineralischen Grundwasserböden bedürfen keiner besonderen Erörterung; ein Kiefernbestand (Bau- und Starkholzzucht), eventuell mit Douglasie, Stieleiche, Buche als ertragssichernden Mischholzarten, wird das Bestockungsziel bilden. — Über die Bewurzelung von Kiefer und Douglasie auf solchen Standorten geben die Tafeln VII, 2 und VIII, 1 Aufschluß.
Bei den sauren Torfböden in der Randzone der Quellmoore gilt es jedoch, einige örtliche Besonderheiten zu beachten. Diese Molinia-Stieleichen-Torfstandorte

sind vornehmlich durch allmähliches Trockenerwerden von Birkenbrüchern entstanden. Ein stärkerer Eingriff in ihre Bestockung bringt eine Verringerung des Wasserverbrauchs mit sich und unterbricht nicht nur den Vorgang der natürlichen Entwicklung, sondern kann diese sogar bis zu einem gewissen Grade rückgängig machen. So verursacht jeder Kahlschlag auf den Torfstandorten des Molinia-Stieleichenwaldes einen merklichen Grundwasseranstieg, in dessen Gefolge sich Torfmoose ausbreiten und Nachbarbestände geschädigt werden. — Als unmittelbare Folge eines 7,5 ha großen Kahlschlages (1945/46) in Abt. 45 habe ich 1948 allein im Randstreifen der umgebenden Baumhölzer (45 und 44) auf 0,9 ha Fläche 44 stammtrockene und 10 geworfene Kiefern mit 80—90 fm Derbholz festgestellt. Wurzeluntersuchungen ergaben einen Grundwasseranstieg um 20—30 cm. — Eine ähnliche Wirkung wie beim Großkahlschlag tritt auch im Gefolge vernachlässigter Grabenräumung ein.

Diesen standörtlichen Besonderheiten kann nur eine nachhaltig wirksame, krisenfeste Bestockung gerecht werden. Dabei ist der Windwurfgefahr auf diesen feuchten Torfstandorten besonders Rechnung zu tragen. Nicht die Wurzeltiefe (der lockere Torfboden gibt wenig Halt), sondern die Kronenausformung (Windangriffsfläche) bestimmt hier das Maß der Standfestigkeit einer Holzart. Bäume mit hoch angesetzten (dichten) Kronen wie Kiefer, Buche und Eiche sind daher stärker wurfgefährdet als die tief beastete Fichte oder die lichten Kronen von Lärche, Birke und Aspe (s. Taf. VIII, 2).

Untersuchungen über die Ertragsleistung verschiedener Nadelhölzer auf diesen Sonderstandorten ergaben einige interessante Ergebnisse. In Abteilung 48 stockte auf einem Molinia-Torfstandort mit einem mittleren Grundwasserstand in 50 cm Tiefe und einem Kalkgehalt im Grundwasser von 40 mg/l ein 54jähriger Kiefern-Fichten-Lärchenmischbestand (0,9° geschlossen), in dem die Fichte meist unter- bis zwischenständig, die Lärche ausgesprochen vorwüchsig war. Eine Vollkluppung (1949) auf 0,45 ha und Höhenmessungen (m. Blume-Leiss) an Zentralstämmen ergaben die beachtliche Derbholzmasse von 373 fm je ha[1]). Im einzelnen wurden folgende Durchschnittswerte festgestellt:

| | Stammzahl auf 0,45 ha (0,9°) | mittl. Brusthöhen-∅ cm | mittl. Höhe m | Derbholzmasse je St. fm | Derbholzvorrats-fm auf 0,45 ha (0,9°) | Derbholzvorrats-fm auf je ha (1,0°) | Höhen-Bonität [2]) |
|---|---|---|---|---|---|---|---|
| Fichte | 179 | 18 | 15,3 | 0,11 | 20 | 49 | III |
| Kiefer | 130 | 29 | 21,6 | 0,60 | 82 | 201 | I |
| Lärche (eur.) | 56 | 36 | 23,8 | 0,89 | 50 | 123 | I/II |
| | | | | | 152 | 373 | |

20% der Lärchenstämme wiesen Krebsbefall jedoch meist oberhalb 15 m Höhe auf, so daß der technische Schaden relativ gering sein wird.

[1]) Nach Formhöhenreihen-Verfahren (v. LAER 1938).
[2]) Nach Ertragstafelauszug zur Forsterhebung 1948/49.

In einem anderen Beispiel (Abt. 51) auf gleichem Torfstandort zeigte die Douglasie mit 37 Jahren eine Höhenbonität von I. Ertragsklasse.
Folglich sind neben Kiefer, Fichte und Weymouthskiefer auch Lärche und Douglasie auf diesen sauren Torfstandorten durchaus anbauwürdig. Als ertragsichernde Mischhölzer kämen Aspe, Stieleiche und Birke in Frage.

### d) Grundwasserstandorte des Widerton-Hainbuchenwaldes

Diese lockeren, meist kiesigen Sandböden mit nährstoffreichem, bewegtem Grundwasser sind recht günstige Waldstandorte. Stieleiche und auch Buche zeigen hier beachtliche Leistungen und gute Schaftformen. Nahezu optimal sind solche Böden nach örtlichen Beobachtungen auch für die Douglasie. Nähere Untersuchungen über ihre Bestandsmassenleistung waren im Revier wegen mangelnder Beispiele nicht möglich. Als Spitzenleistung des besten Einzelstammes auf diesem Standort (Abt. 86) wurden (72jährig) 8 fm Derbholzmasse ermittelt. Als Mischhölzer kommen Buche, Lärche und Bergahorn in Frage, ein Hainbuchenunterstand sollte obligatorisch sein.
Kiefernbestände weisen auf diesen Standorten einen hohen Schwammbefall auf (PASSARGE 1953a), sie sind ferner aus bodenbiologischen Gründen und wegen geringer Massen- und Wertleistung (gegenüber Douglasie und Lärche) nicht zu empfehlen.
Über die Bewurzelung von Buche, Hainbuche und Douglasie auf diesen Standorten geben die Tafeln IX und X, 1 Aufschluß.

### e) Lehmbeeinflußte Grundwasser-Standorte des Waldziest-Hainbuchenwaldes

Die geringe Verbreitung lehmbeeinflußter Böden im Revier Magdeburgerforth gestattet eine Zusammenfassung mehrerer Lehmstufen, zumal sie als günstigste Laubholzstandorte im wesentlichen der Eiche vorbehalten bleiben sollten.
Zur Dränage dieser sandüberlagerten, zur Verdichtung neigenden Lehme ist bekanntlich das Wurzelwerk von Stieleiche und Hainbuche eine standörtliche Notwendigkeit.
Beide vermögen nach den örtlichen Beobachtungen mit ihrer Bewurzelung auch tiefer anstehende, zeitweilig im Grundwasserbereich liegende Lehmhorizonte zu erreichen und aufzuschließen. Bei relativ guter Massenleistung (Eiche I. bis II. Ertragsklasse) sind Schaftformen und Holzqualität bei entsprechender Erziehung vorzüglich (s. Taf. V, 2). Als ertragsteigernde Mischholzarten kommen örtlich Esche und Bergahorn sowie Douglasie und Lärche in Frage.

### f) Lehmbeeinflußte Standorte des Traubeneichen-Hainbuchenwaldes

Noch seltener als im Taldiluvium sind lehmbeeinflußte Böden im höher gelegenen südlichen Revierteil. Sie sind die einzigen Standorte, auf denen im Revier die Traubeneiche anbaugeeignet ist und Fournierware erzielt werden kann. —

Aber auch aus bodenbiologischen Gründen ist ihre Erhaltung neben der Hainbuche auf diesen Standorten erforderlich, denn die örtlichen Wurzeluntersuchungen ergaben, daß weder Nadelhölzer (s. Taf. XI, 2) noch die Buche (s. Taf. X, 2) in nennenswertem Maße mit ihrem Wurzelwerk in dicht gelagerte Geschiebelehme eindringen. Die kräftige, tiefgreifende Bewurzelung der Traubeneiche erschließt diese produktionskräftigen Schichten (s. Taf. XI, 1) dagegen in vorzüglicher Weise.
Lärche, Buche, auch Roteiche und Winterlinde können dem Traubeneichengrundbestand als ertragsteigernde Mischholzarten beigegeben werden.

### g) Standorte des astmoosreichen Buchenwaldes

Mittlere bis gute Sande und Kiese, auf denen von Natur aus vornehmlich Heidelbeer-Buchenwälder stocken, sind im Höhendiluvium sehr verbreitet.
Geringe Massen- und Wertleistung lassen Buche und Traubeneiche auf diesen Standorten nicht mehr anbaugeeignet erscheinen; solche Flächen werden vielmehr der Kiefernwirtschaft vorbehalten bleiben.
Bei Wuchsleistungen II. bis III. Ertragsklasse wird Kiefernbauholz, bei Verjüngung unter Schirm auch Schneideholz, das Betriebsziel sein. Wo eine Einbringung von Mischhölzern angebracht erscheint, können Lärche, Roteiche und Buche verwendet werden.
Besonders zu erwähnen sind die hierher gehörenden Sonderstandorte der Rostkiesrücken. Auf diesen produktionskräftigen Standorten in exponierter Lage leidet die Kiefer stark unter Stockfäulebefall (vgl. PASSARGE 1953a) und Windwurf. Daher erscheint ein Laubholzgrundbestand aus Roteiche mit Lärche und Buche eher standortsgemäß.

### h) Standorte der Kiefern-Eichenmischwälder

Von Natur aus stocken Kiefern- und Traubeneichen-Birkenwälder auf mittleren bis geringen Sanden. Auf diesen geringen Kiefernstandorten mit einer Wuchsleistung zwischen III. bis IV. Ertragsklasse läßt sich bei entsprechender Pflege auch Dielungsholz erzielen. —
Bemerkenswert ist die örtliche Beobachtung, daß die Kiefer nur auf diesen natürlichen Kiefernstandorten eine ausgesprochene Pfahlwurzel zeigte (s. Taf. XII, 1). Das Wurzelwerk von Sandbirke und Stieleiche beschränkt sich dagegen vornehmlich auf Ober- und Unterboden (s. Taf. XII, 2).
Wo forstschutztechnische Erwägungen einen Laubholzanbau (Brandschutzstreifen) erforderlich machen, kann auf Birke und Roteiche zurückgegriffen werden. — Zur Sanierung degradierter Flächen (Streunutzung) gilt die *Robinie* als biologisch günstiges Bodenschutzholz in Kiefernbeständen für anbaugeeignet.

### i) Waldrandstandort

Bei der großen Zerrissenheit des Reviers mit einer Waldrandstrecke von nahezu 80 km (gegenüber einer minimalen von 16 km) ist die Waldrandlage als Sonder-

1. Bewurzelung einer Erle in Abt. 95;
Erlenbruchwald-Standort
(Höchststand des Grundwassers in 5 cm Tiefe)
Aufnahme: 31.10.1950

2. Bewurzelung einer Kiefer in Abt. 95;
Sandstandort des Pfeifengras-Stieleichenwaldes
(Höchststand des Grundwassers in 20 cm Tiefe)
Aufnahme: 31.10.1950

1. Bewurzelung einer ca. 30jährigen Douglasie in Abt. 35; mineralischer Standort des Molinia-Stieleichenwaldes (Höchststand des Grundwassers in 80 cm Tiefe) Aufnahme: 10. 9. 1950

2. Vom Sturm geworfener Kiefernbestand in Abt. 51 Torfstandort des Pfeifengras-Stieleichenwaldes (Höchststand des Grundwassers in 30 cm Tiefe) Aufnahme: September 1950

1. Bewurzelung einer 70jährigen Douglasie in Abt. 86;
Sandstandort des Widerton-Stieleichen-Hainbuchenwaldes
(Höchststand des Grundwassers in 30 cm Tiefe)
Aufnahme: 19. 9. 1950

2. Bewurzelung einer Hainbuche in Abt. 86;
Sandstandort des Widerton-Stieleichen-Hainbuchenwaldes
(Höchststand des Grundwassers in 30 cm Tiefe)
Aufnahme: 27. 9. 1950

1. Bewurzelung einer Altbuche in Abt. 93;
kiesiger Sandstandort des Widerton-Stieleichen-Hainbuchen-waldes (Höchststand des Grundwassers in 50 cm Tiefe)
Aufnahme: 31.10.1950

2. Bewurzelung einer Buche in Abt. 93;
lehmbeeinflußter Sandstandort des Traubeneichen-Hainbuchenwaldes (Lehmtiefe 60 cm)
Aufnahme: 31.10.1950

1. Bewurzelung einer Traubeneiche in Abt. 94;
lehmbeeinflußter Standort des Traubeneichen-Hainbuchenwaldes
(Lehmtiefe 40 cm)
Aufnahme: 31.10.1950

2. Bewurzelung von Fichte (links) und Kiefer (rechts) in Abt. 94;
lehmbeeinflußter Standort des Traubeneichen-Hainbuchenwaldes
(Lehmtiefe unter Fichte 65 cm, unter Kiefer 40 cm)
Aufnahme: 31.10.1950

1. Bewurzelung einer Kiefer auf natürlichem Standort (Spatsand geringerer Güte) in Abt. 26
Aufnahme: 29. 9. 1950

2. Bewurzelung einer Stieleiche (40jährig) in Abt. 25; Sandstandort des Kiefernmischwaldes
Aufnahme: 20. 8. 1950

standort von einiger Bedeutung. Die lokalklimatischen Gegebenheiten offener Waldränder führen über Verhagerung, Verwehung und Untersonnung zu erheblichen Ertragsausfällen in einer 30—50 m breiten Randzone. Durch Anlage von Hecken und Begünstigung von Waldmantel- und Traufbildungen läßt sich diese leistungsschwache Randzone bekanntlich erheblich einengen.

Als geeignete Gehölze kommen auf den meist sandigen Böden des Flämingplateaus Schlehe, Weißdorn, Heckenrose, Eberesche und Brombeere in Frage; für grundwasserbeeinflußte Standorte sind Faulbaum, Weißerle und Fichte neben Eberesche und Brombeere geeignete Waldrandgehölze.

## III. Bestockungsvorschläge

Das Ergebnis der Untersuchungen läßt sich in folgenden standörtlich differenzierten Bestockungsvorschlägen[1]) zusammenfassen:

### A. Laubholzstandorte

1. Erlenwaldstandorte

a) eschenfähige Erlen-Standorte

*A*: Erle bzw.
*B*: Erle mit
*C*: Esche, Bergahorn

b) Erlen-Bruchstandorte

*A*: Erle bzw.
*B*: Erle mit
*C*: Aspe (Moorbirke)

2. Lehmbeeinflußte Grundwasserstandorte des Waldziest-Hainbuchenwaldes

B: Stieleiche mit
*C*: Esche, Bergahorn, Lärche, Douglasie
*D*: Hainbuche

3. Lehmbeeinflußte Standorte des Traubeneichen-Hainbuchenwaldes

*B*: Traubeneiche mit
*C*: Buche, Roteiche, Lärche, Douglasie
*D*: Hainbuche (Winterlinde)

---

[1]) Gliederung nach EHWALD (1949)

*A:* Anbau in Reihenbeständen, wenigstens kleinflächig und für einen Umtrieb möglich.

*B:* Anbau als grundbestandsbildende Hauptholzart neben Misch- und Beihölzern möglich

*C:* Anbau als ergänzende Hauptholzart (Mischholz), dem Grundbestand einzeln oder horst- und gruppenweise beigemengt

*D:* Anbau als Beiholzart, vorwiegend in Unter- und Zwischenstand als Schutz- und Treibholz für den Grundbestand

## B. Laub-Nadelholzstandorte

4. Grundwasserstandorte des Widerton-Hainbuchenwaldes

| | |
|---|---|
| *B*: Douglasie mit | *B*: Buche-Stieleiche mit |
| *C*: Buche, Bergahorn | *C*: Douglasie, Lärche |
| *D*: Hainbuche | *D*: Hainbuche |

5. Standorte des astmoosreichen Buchenwaldes

a) in Hochflächenlage

*B*: Kiefer
*C*: Lärche, Roteiche
*D*: Hainbuche

b) in Rückenlage

*B*: Roteiche
*C*: Lärche, Buche

## C. Nadelholzstandorte

6. Birkenbruchstandorte

*B*: Kiefer-Fichte-Weymouthskiefer
*C*: Aspe, Moorbirke

7. Grundwasserstandorte des Molinia-Stieleichenwaldes

a) Sandboden

*A*: Kiefer bzw.
*B*: Kiefer mit
*C*: Stieleiche, Buche
Douglasie

b) Torfboden

B: Kiefer-Lärche-Fichte
*C*: Douglasie, Weymouthskiefer
(Stieleiche, Moorbirke)

8. Standorte des Kiefern-Eichenmischwaldes

*A*: Kiefer bzw.
*B*: Kiefer mit
*C*: Birke, Roteiche
*D*: Robinie

## D. Gehölzstandorte

9. Waldrandstandorte

a) im Höhendiluvium

*B*: Schlehe, Brombeere
*C*: Weißdorn, Heckenrose
Eberesche.

b) im Taldiluvium

*B*: Weißerle, Faulbaum, Brombeere
*C*: Eberesche, Fichte

# Zusammenfassung

Gegenstand der Untersuchungen sind die Waldvegetation und ihre standörtlichen Bedingungen im Revier Magdeburgerforth.

Das Untersuchungsgebiet liegt an der westlichen Nordabdachung des Hohen Fläming zwischen 50—100 m über NN. Sein Lokalklima zeichnet sich durch stärkere Temperaturschwankungen, Früh- und Spätfrosthäufigkeit und geringe Niederschläge (550 mm) aus. — Die Böden sind vornehmlich altdiluvialen Ursprungs, sie bestehen aus grundwasserbeeinflußten Talgeschiebesanden sowie Geschiebe- und Spatsanden. Die verbreitetsten Bodentypen sind Grundwassergley und basenarme podsolige Braunerde. Als Sonderstandorte kommen alluviale Gehängetorfe in den Quellmoorgebieten und örtlich kleinflächig sandüberlagerte Geschiebelehme vor.

Bestockungsgeschichtliche Untersuchungen ergaben, daß während der letzten 200 Jahre bei etwa gleichbleibender Revierfläche der Anteil der Laubholzbestockungsfläche von 50% auf 10% (1936) durch Kiefernanbau gesunken ist. Der höhere Laubholzanteil (25%) an der Vorratsmasse (von 1936) weist darauf hin, daß den Nadelholzbeständen vielfach Laubhölzer beigemischt sind. An Holzarten werden 1750 Kiefer, Buche, Hainbuche, Eiche, Birke und Erle erwähnt.

Die Wälder des Reviers Magdeburgerforth mit einer Holzbodenfläche von 2226 ha gehören 13 Waldgesellschaften (11 Assoziationen) an. — Etwa $^2/_3$ der Revierfläche werden von armen Laubmischwäldern (*Quercion roboris — petraeae*) eingenommen. Unter diesen ist der Heidelbeer-Buchenwald (*Deschampsio-Fagetum*) am weitesten verbreitet. Er besiedelt in verschiedenen Ausbildungsformen die mittleren Sandstandorte im Höhendiluvium (Flämingplateau) und die geringeren Grundwasserstandorte im Vorfläminggebiet. In (klimatisch) ungünstigen Lagen wird der Heidelbeer-Buchenwald im Taldiluvium durch den Stieleichen-Birkenwald (*Querceto roboris-Betuletum*), so besonders auf armen Torfstandorten, abgelöst. Im Höhendiluvium nimmt der Traubeneichen-Birkenwald (*Violo-Quercetum*) die geringeren Sande und trockeneren Standorte ein. Nur kleinflächig kommt auf extrem durchlässigen Sanden (z. B. Dünen) Kiefernwald, in der örtlichen Ausbildung des Moos-Kiefernwaldes (*Dicrano-Pinetum*) und als Flechten-Kiefernwald (*Cladonio-Pinetum*) vor. Eichen-Hainbuchenwälder (*Stellaria-Carpinetum*) beschränken sich vornehmlich auf das Vorfläminggebiet. Hier besiedelt der Waldziest-Stieleichen-Hainbuchenwald (*Stachys-Gruppe*) die lehmbeeinflußten reichen Grundwasserstandorte. Die mittleren (meist sandigen) Grundwasserböden nimmt der Widerton-Stieleichen-Hainbuchenwald (*Dryopteris-Gruppe*) ein. Die hiesige Ausbildung des Traubeneichen-Hainbuchenwaldes (Festuco-Carpinetum) auf sandüberlagerten Lehmstandorten im Höhendiluvium gehört ebenfalls zu den armen Eichen-Hainbuchenwäldern (*Festuca-Gruppe*).

Innerhalb der Quellmoore besiedelt der Quellmoor-Erlen-Eschenwald (*Circaeo-Alnetum*) die reicheren Feintorfböden mit über 100 mg CaO/l im Quellwasser. — Unter mittleren Verhältnissen kommt der Quellmoor-Erlenbruchwald (*Cariceto elongatae — Alnetum sphagnetosum*) vor, der auf den geringwertigen Fasertorfböden vom Birkenbruch (*Betuletum pubescentis*) abgelöst wird.

Die drei Quellmoorgesellschaften sind untereinander durch vermittelnde Ausbildungsformen verbunden; diese wie auch die Untersuchungen über die Torfzusammensetzung machen im Laufe der Quellmoorentwicklung eine Sukzession Erlen-Eschenwald → Erlenbruchwald → Birkenbruch wahrscheinlich.

Nur in Einzelfällen konnten Vorkommen des Niederungs-Erlen-Eschenwaldes (*Pruneto-Fraxinetum*), des Bach-Eschenwaldes (*Cariceto remotae — Fraxinetum*) und des normalen Erlenbruchwaldes (*Cariceto elongatae — Alnetum typicum*) nachgewiesen werden.

Ein floristisch-soziologischer Vergleich der örtlichen Verhältnisse mit denen anderer Gebiete ergibt, daß sich die hiesigen Gesellschaften stets durch betont subatlantische und gleichzeitig auch boreal-kontinentale Tönung auszeichnen.

Auf den verbreitetsten Standorten wird die Vegetation der Schlagflächen und Nadelholzforsten behandelt und mit den entsprechenden natürlichen Waldgesellschaften verglichen. Bei einigen Pflanzen ergab sich eine Verschiebung ihres Zeigerwertes; so finden wir zahlreiche trockenresistente Gräser, die in den naturnahen Wäldern grundwasserferne Standorte anzeigen, auf Schlagflächen und in Nadelholzforsten auch auf grundwassernahen Böden.

Bei der waldbaulichen Auswertung werden Fragen der Anbauwürdigkeit der einzelnen Holzarten auf verschiedenen Standorten behandelt, wie sie sich aus den vegetationskundlichen Befunden sowie speziellen Untersuchungen und Beobachtungen über Bewurzelung, Ertragsleistung und Krisenfestigkeit ergaben.

Als Ergebnis sind die Bestockungsvorschläge zu vier waldbaulichen Standortsgruppen zusammengefaßt.

1. Laubholzstandorte: sie umfassen die Erlenwaldstandorte und die lehmbeeinflußten Böden (Waldziest-Stieleichen-Hainbuchenwald und Traubeneichen-Hainbuchenwald), die der Erle bzw. den Eichen vorbehalten bleiben sollen.

2. Laub-Nadelholzstandorte, wie mittlere grundwasserbeeinflußte Sande (Widerton-Stieleichen-Hainbuchenwald) und gute bis mittlere Sande im Höhendiluvium (astmoosreicher Heidelbeer-Buchenwald), auf denen sowohl Nadelhölzer als auch Laubholzarten anbaugeeignet sind.

3. Nadelholzstandorte, wie arme Grundwasserböden (Birkenbruch, Stieleichen-Birkenwald, Pfeifengras-Heidelbeer-Buchenwald), auf denen neben Kiefer auch Fichte und Weymouthskiefer in Frage kommen und geringe Sande im Höhendiluvium (Traubeneichen-Birkenwald, Moos- und Flechten-Kiefernwald), die der reinen Kiefernwirtschaft vorzubehalten sind.

4. Als Gehölzstandort wurde der Sonderstandort der Waldrandlage mit seinen ertragmindernden Klimaeinflüssen (Untersonnung, Verwehung, Verhagerung) ausgeschieden. Auf ihm soll zum Schutz der angrenzenden Bestände durch Anlage von Hecken und Förderung der Traufbildungen ein Waldmantel geschaffen werden.

# Literaturverzeichnis


BEREND, G.: Die Umgebung von Berlin. I. Der Nordwesten Berlins. Abh. geol. Spezialkarte v. Preußen. II, 3. Berlin 1877.

BRAUN-BLANQUET, J.: Pflanzensoziologie. 2. Aufl. Wien 1951.

BRAUN-BLANQUET, J. u. TÜXEN, R.: Irische Pflanzengesellschaften. Veröff. Geobot. Inst. Rübel, Zürich 25. Bern 1951.

BUCHWALD, K.: Wald- und Forstgesellschaften der Revierförsterei Diensthoop, Forstamt Syke b. Bremen. Angew. Pflanzensoziologie 1. Stolzenau 1951 a.

BUCHWALD, K.: Bruchwaldgesellschaften im Großen und Kleinen Moor, Forstamt Danndorf (Drömling). Ibid. 2. 1951 b.

BÜKER, R.: Beiträge zur Vegetationskunde des südwestfälischen Berglandes. Beih. Bot. Cbl. LXI, B. Dresden 1942.

BUTZKE, H.: in SCAMONI (1954 a).

EHWALD, E.: Standortsbedingte Freiheit und Gebundenheit im Waldbau als Problem der forstlichen Standortskartierung. Forstwiss. Cbl. 68, 1949.

ELLENBERG, H.: Über Zusammensetzung, Standort und Stoffproduktion bodenfeuchter Eichen- und Buchenmischwaldgesellschaften Nordwestdeutschlands. Mitt. Flor.-soz. Arbeitsgem. Nieders. 5, Hannover 1939.

HARTMANN, F. K.: Zur soziologisch-ökologischen Charakteristik von Waldbeständen Norddeutschlands. Silva 21, 22, 1933/34.

HARTMANN, F. K.: Über den waldbaulichen Wert des Grundwassers II. Mitt. Forstwirtsch.-Forstwiss. Hannover 1941.

HEINEMANN, P.: in LEBRUN, J. u. Mitarb. (1949).

HUECK, K.: Erläuterungen zur vegetationskundlichen Karte des Endmoränengebietes von Chorin (Uckermark). Beitr. z. Naturdenkmalpfl. XIV, 2. Neudamm 1931.

HUECK, K.: Erläuterungen zur vegetationskundlichen Karte des Memeldeltas. Beitr. z. Naturdenkmalpfl. XV, 4. Neudamm 1934.

KEILHACK, K.: Erläuterungen zur geologischen Spezialkarte von Preußen. XLVIII 47/48, Berlin 1891.

KLIKA, J.: Zur Kenntnis der Waldgesellschaften im Böhmischen Mittelgebirge. Beih. Bot. Cbl. LX, B Prag 1939.

KLIKA, J.: Phytocenological study of the forest associations in the Bohemian Středohoři. Bull. int. Acad. Tchèque Sci. LII, 15, 1951.

KOBENDZA, R.: Stosunki fitosocjologiczne Puszczy Kampinoskiej. Planta Polonica R. 2, 1930.

KRAUSS, G. A. u. SCHANZ, H.: Beitrag zur forstlichen Bodenkartierung (Standortskartierung). Silva 18, 1931.

KRIEGER, H.: Die flechtenreichen Pflanzengesellschaften der Mark Brandenburg. Beih. Bot. Cbl. LVII, B. 1937.

KUBIENA, W.: Entwicklungslehre des Bodens. Wien 1948.

KUBIENA, W.: Bestimmungsbuch und Systematik der Böden Europas. Stuttgart 1953.

LAATSCH, W.: Die Bodentypen um Halle (Saale) und ihre postdiluviale Entwicklung. Diss. Dessau 1934.

LAATSCH, W.: Dynamik der mitteleuropäischen Mineralböden. Dresden und Leipzig 1954.

LEBRUN, J., NOIRFALISE, A., HEINEMANN, P., et VAN DEN BERGHEN, C.: Les Associations végétales de Belgique. Bull. Soc. Bot. Belg. 82, 1, 1949.

LEMÉE, M. G.: Les Bruyères à Sphaignes du Massif de Multonne. Bull. Soc. Linn. Normandie. 8. sér. 4. Caën 1931.

LEMÉE, M. G.: Monographie phytogéographique d'une forêt normande. La forêt de Cerisy. Ibid. 8. sér. 10. Caën 1937.

LIBBERT, W.: Die Vegetationseinheiten der neumärkischen Staubeckenlandschaft. Verh. Bot. Ver. Prov. Brandenburg 74. 1932/33.

LIBBERT, W.: Flora und Vegetation des neumärkischen Plönetales. Ibid. 78, 1938.

LIBBERT, W.: Pflanzensoziologische Untersuchungen im mittleren Kocher- und Jagsttale. Veröff. Württem. Landesst. f. Naturschutz, 15, Stuttgart 1939.

LIBBERT, W.: Die Pflanzengesellschaften der Halbinsel Darss (Vorpommern). Rep. spec. nov. reg. veget. Beih. 114, Berlin 1940.

LOHMEYER, W.: Die Pflanzengesellschaften der Eilenriede bei Hannover. Angew. Pflanzensoziologie, 3, Stolzenau 1951.

MATUSZKIEWICZ, A.: Obserwacje fitosocjologiczne nad lasoborami (Quercion roboris) w okolicach Lublina. Ekologia Polska I, 4, 1953.

MATUSZKIEWICZ, A. u. W.: Wstępna charakterystyka fitosocjologiczna lasu „Ruda" w Pulawach. Ibid. II, 1 Warszawa 1954.

MATUSZKIEWICZ, A. u. W.: Die Verbreitung der Waldassoziationen des Nationalparks von Bialowieza. Ibid. II, 1 Warszawa 1954.

MATUSZKIEWICZ, W.: Zespoly leśne Bialowieskiego Parku Narodowego. Ann. Univ. Mariae Curie-Sklodowska, C, 6. Lublin 1952.

Meteorologischer und hydrologischer Dienst: Klimaatlas der DDR. Berlin 1953.

MEUSEL, H.: Vergleichende Arealkunde. Berlin 1943.

MORGENLÄNDER: Forstbeschreibung von Magdeburg. 1780.

MÜCKENHAUSEN, E.: Entwurf einer Systematik der deutschen Böden. Polykopie 1953.

OBERDORFER, E.: Bemerkenswerte Pflanzengesellschaften und Pflanzenformen des Oberrheingebietes. Beitr. naturk. Forsch. Südwestdeutschland I, 1. Karlsruhe 1936.

OBERDORFER, E.: Pflanzensoziologische Exkursionsflora für Südwestdeutschland. Stuttgart 1949.

OBERDORFER, E.: Der europäische Auenwald. Beitr. naturk. Forsch. Südwestdeutschland. XII, 1. Karlsruhe 1953.

OVERBECK, F.: Die Moore Niedersachsens in geologisch-botanischer Betrachtung. Oldenburg 1939.

PASSARGE, H.: Standortskundliche Untersuchungen in der Oberförsterei Magdeburgerforth. Diss. Eberswalde 1951.

PASSARGE, H.: Schädlingsbefall und Standort. Arch. f. Forstwes. II, 1953a.

PASSARGE, H.: Waldgesellschaften des mitteldeutschen Trockengebietes. Ibid. II, 1953b.

PASSARGE, H.: Örtliche Beobachtungen über jahreszeitliche Schwankungen des Grundwasserstandes. Ibid. III, 1954.

PASSARGE, H.: Die Wälder des Oberspreewaldes. Ibid. V, 1956.

PREISING, E.: Die Waldgesellschaften des Warthe- und Weichsellandes. 13. Rundbr. d. Zentralst. f. Vegetationskartierung. 1943.

Reichsamt für Wetterdienst: Klimakunde des Deutschen Reiches. II. Berlin 1939.

RIECKE, F.: Standortskartierung und forstliche Praxis. Forstwirtsch.-Holzwirtsch. 5, Berlin 1951.

RUBNER, K.: Die pflanzengeographischen Grundlagen des Waldbaues. 4. Aufl. Neudamm 1953.

SCAMONI, A.: Vegetationsstudien im Forst Sarnow. Z. Forst- u. Jagdwes. 67. 1935.

SCAMONI, A.: Wie weit ist die forstliche Pflanzensoziologie in der Lage, zur Frage der Holzartenwahl auf Kahlschlagflächen beizutragen. Forstwirtsch.-Holzwirtsch. 3, 1949.

SCAMONI, A.: Natürliche Waldgesellschaft-Forstgesellschaft, Ibid. 4, 1950.

SCAMONI, A.: Waldkundliche Untersuchungen auf grundwassernahen Talsanden. Berlin 1950.

SCAMONI, A.: Über die Verbreitung der natürlichen Waldgesellschaften im Gebiet des Diluviums der DDR. Arch. f. Forstwes. I, 1952.

SCAMONI, A.: Waldgesellschaften und Waldstandorte. 2. Aufl. Berlin 1954a.

SCAMONI, A.: Die Waldvegetation des Unterspreewaldes. Arch f. Forstwes. III, 1954b.

SCHLENKER, G.: Forstliche Standortskartierung in Württemberg. Allgem. Forst.-Z. 5, 1950.

SCHMIERER, T.: Über ein glazial gefaltetes Gebiet auf dem westlichen Fläming. Jb. preuss. geol. Landesanst. 31, 1, 1910.

SCHMID, H. u. v. GAISBERG, E.: Untersuchungen über Standort und Ertragsleistung der Fichte in württembergischen Waldgebieten. Mitt. Württ. Forstl. Versuchsanst. 1936. H. 1.

SCHÖNHAR, S.: Die Bodenvegetation als Standortsweiser. Allgem. Forst- u. Jagdztg. 125, 8, 1954.

SCHRETZENMAYER, M.: Die wichtigsten Kahlschlaggesellschaften des mittleren Thüringer Waldes und ihre standörtliche Beurteilung. Forstwirtsch.-Holzwirtsch. 4, 1950.

SCHWICKERATH, M.: Bedeutung und Gliederung des Differenzialartenbegriffs in der Pflanzengesellschaftslehre. Beih. Bot. Cbl. LXI, B, 1/2 1942.

SCHWICKERATH, M.: Das Hohe Venn und seine Randgebiete. Jena 1944.

STAMM, E.: Die Eichen-Hainbuchenwälder der Nordschweiz. Mitt. Bot. Museum Univ. Zürich, Bern 1938.

STEFFEN, H.: Vegetationskunde von Ostpreußen. Jena 1931.

TÜXEN, R.: Die Pflanzengesellschaften Nordwestdeutschlands. Mitt. Flor.-soz. Arbeitsgem. Nieders. 3, Hannover 1937.

TÜXEN, R.: Grundriß einer Systematik der nitrophilen Unkrautgesellschaften der eurosibirischen Region Europas. Ibid. N. F. 2, Stolzenau 1950.

TÜXEN, R.: Eindrücke während der pflanzengeographischen Exkursionen durch Südschweden. Vegetatio III, 3, Den Haag 1951.

TÜXEN, R.: Pflanzengesellschaften und Grundwasser-Ganglinien. Angew. Pflanzensoziologie, 8, Stolzenau 1954.

WAGENKNECHT, E.: Bestockungszieltypen für das nordostdeutsche Diluvium. Arch. f. Forstwes. IV, 1955.

WANGERIN, W.: Vegetationsstudien im norddeutschen Flachlande I. Schr. Naturf. Ges. Danzig XVII, 4, Danzig 1926.

WECK, J.: Waldgefügetypen. Allgem. Forst-Z. 3, 1948.

WITTICH, W.: Untersuchungen über den Einfluß des Kahlschlages auf den Bodenzustand. Mitt. Forstwirtsch. Forstwiss. I, Hannover 1930.

WITTICH, W.: Die heutigen Grundlagen der Holzartenwahl. Hannover 1947.

Ferner wurden benutzt:

Forstakten von Magdeburgerforth, Landesarchiv Sachsen-Anhalt; Magdeburg.

Forstkarte von Magdeburgerforth 1769/70, Landesarchiv Sachsen-Anhalt, Magdeburg.

Geologische Spezialkarte von Preußen. Blatt Ziesar u. Theesen.

Hauptmerkbuch I des Forstamts Magdeburgerforth.

Taxations- und Betriebswerke (1852—1936) des Forstamts Magdeburgerforth.